U1003441

治愈我的，也将治愈你

乌实 / 著

漓江出版社
·桂 林·

图书在版编目(CIP)数据

治愈我的，也将治愈你 / 乌实著. -- 桂林：漓江出版社，2022.9

ISBN 978-7-5407-9270-1

Ⅰ. ①治… Ⅱ. ①乌… Ⅲ. ①心理学－通俗读物 Ⅳ. ①B84-49

中国版本图书馆CIP数据核字(2022)第105527号

治愈我的，也将治愈你
ZHIYU WO DE, YE JIANG ZHIYU NI

作　　者：乌　实

出 版 人：刘迪才
策划编辑：杨　静　　责任编辑：杨　静
封面设计：杨　毅　　内文设计：李自茹
责任监印：黄菲菲

出版发行：漓江出版社有限公司
社　　址：广西桂林市南环路22号
邮　　编：541002
发行电话：010-65699511　0773-2583322
传　　真：010-85891290　0773-2582200
邮购热线：0773-2582200
电子信箱：ljcbs@163.com
网　　址：www.lijiangbooks.com
微信公众号：lijiangpress

印　　制：北京中科印刷有限公司
开　　本：880 mm × 1230 mm　1/32
印　　张：16
字　　数：290千字
版　　次：2022年9月第1版
印　　次：2022年9月第1次印刷
书　　号：ISBN 978-7-5407-9270-1
定　　价：88.00元

漓江版图书：版权所有，侵权必究
漓江版图书：如有印装问题，可随时与工厂调换

目录

Contents

Part 1
穿越情绪与干扰，重建生命的价值与智慧

Part 2
拨开亲密关系的迷雾，活出你在等待的爱

Part 4
转化内在信念，生活是超越预料的奇迹

我来这里
是为了和打着灯笼
在我身上看见自己的人相遇。

——托马斯·特朗斯特罗姆

Part 1

Part 1

…

穿越情绪与干扰，
重建生命的价值与智慧

你孤独吗？何处是你的回家之路？

我们之所以孤独，是缘于我们无法感受到与自己的源头联结，或者说我们忘记了我们本来是谁。

你孤独多久了？

每个人都会感到孤独。孤独以各种各样的姿态，呈现在我们生活的各个角落。离群索居是一种孤独，无人喝彩是一种孤独，孤枕难眠是一种孤独，乡愁是一种孤独，“十年生死两茫茫”是一种孤独，“才下眉头，却上心头”是一种孤独……你想数尽这些孤独却怎么也数不尽，更是一种孤独。

有一次旅行，在塔克拉玛干沙漠的中部，我离开公路走进沙漠，不久就陷入了一望无际的层层沙丘中。那天，风并不大，细细地吹着就悄悄掩盖了来时的脚印，所有的沙丘都很相似，天空明晃晃的，让人转头间就找不到来时的路。四野无声，没有方向，那一瞬间，我突然感到被一种孤独席卷，孤独占据了身体的每个角落。

在连绵黄沙中，也有一两株不知名的沙漠植物，孤零零地露出一两寸绿色。天蓝地黄，一片寂静，这唯一的绿色随风摆动着。我本来认为它应该也很孤独，但那一刻我却只感到它很自在。我看着它，一会儿也慢慢感到一种安定。

人生来孤独。只是有些人仿佛对孤独更敏感，无论在人群中，还是在各种悲喜境遇中，孤独的底色都不自觉地泛在脸上；而另一些人用忙碌填充自己的内心空白，用喧嚣甚至奋斗掩盖无法面对的脆弱。只是在某个时刻——一个人也许看着无边的大海，也许在旷野仰望星辰，凝视遥远的银河——心里感到一丝说不清的慰藉，仿佛内心空白处又响起了熟悉的旋律。

我们有着怎样的“乡愁”？哪里是我们的真正的家？我们又究竟是谁？要了解孤独，就意味着我们需要回答这些问题。

孤独是一枚向内的指针

我们之所以孤独，是缘于我们无法感受到与自己的源头联结，或者说我们忘记了我们本来是谁。

我们就像一个失忆的宇航员，来到一个全新的星球，忘了自己从哪里来，也忘了来此的任务；或者又像一个入戏太深的演员，全情投入在角色里，紧紧抓住剧本，忘记了自己的真实身份。我们一边在这个新的星球、角色和剧本中忙碌着，一边又隐约觉得我们仿佛忘记了什么，而那些我们忘记的却还在一直向我们召唤。

我们在这个新的星球寻找着填补孤独的方式——通过寻找关系、事业，或者说通过寻找安全、认可和爱，通过寻找彰显个人力量的方式，但这些仅仅给我们带来短暂的慰藉。那些我们忘记的东西，并没有通过这些方式被找回来。相反，任何对外在的依赖，都只是让我们从“孤独一号坑”跳进“孤独二号坑”，我们感到更加迷失。我们不自觉地制造了层层障碍，阻碍我们和内在源头的联结，阻碍我们重返无限的家园。

有意思的是，我们创造的这些阻碍——信念、模式、命运等，正是我们体验回家之路的一部分，如果没有经历离开家，又怎么会经历回家呢？一切都是我们自己创造的，我们创造这些，只是为了充分体验和感受我们在这趟旅程中要完成的功课。孤独是一枚向内的指针，指引回到我们真正的家。

治愈我的，也将治愈你

回家之路

生命并不孤独，你有无限的爱，它从来没有与你分开过。

就像你身体里的每一粒小小的细胞：如果以细胞的视角来看，它只是一小粒孤独的细胞；如果以整个身体的视角来看，这一粒粒细胞与整个身体同在，并且息息相关，从未与整体分离。我们的视角太过狭窄，也受困于限制，不能以更宽广的维度看待生命。如果我们寻找到更宽广的视角，我们就能看到更多的事情，比如一只迷路的、孤独的蚂蚁，它寻找着回家的路。在它微小的视角里，它感受不到方向，所有的路都充满艰险；而如果你站在更宽广的视野上，就可以清晰地给它指明方向。

从狭窄的、受限的视角扩展到更广阔的、无限的视野，我们必然会经历艰难的跋涉，因为这是我们体验的一部分。我们艰辛跋涉的真正目标，并不是我们在生活里认为的目标，而那个真正的目标——回家——隐藏在生命历程的背后。每一刻，我们都觉得自己走在离家之路上，但实际上，我们却走在回家之路上。

这个过程是那么漫长而遥远，也许要经历无数个生命旅程；而这个过程又可以是那么短暂，短暂至一瞬间。因为这条路不仅是一条时空之路，也是真正的回家之路，是超越时空的存在，就像我们把平面折叠，瞬间我们就能从一点穿越到另一点。

爱是永恒。虽然我们并不相信——我们不相信，是因为我们还没有感受到它，但其实它一直都在，就在我们身边。

今日练习

找一个舒服的地方静坐，保持上身的直立。

做几个深呼吸，把所有的注意力归于自己的内心。

慢慢地感受，你的内心有一片大海，感受这片大海的浩瀚宽广、无边无际。

静静地感受。

想象你的面前——在你的身体之外，也有一片大海，此刻你站在海滩上，你看着眼前的大海，这片大海同样是浩瀚宽广、无边无际。

感受你眼前的大海。

慢慢地，张开你的双臂，伸展你的双臂，仿佛拥抱这片大海，拥抱大海上无尽的天空。

打开自己，把自己交给天空，交给大海，就像婴儿把自己交给母亲。

感觉你心中的大海与拥抱的大海，在交融，在合并，在融为一体。

感受你是这无限的一部分，你也是这无限本身。

给自己一点时间充分地感受。

当你觉得可以了的时候，做几个深呼吸，慢慢地回来。
结束这个冥想练习。

祝福你！

生命中的三种智慧，你活出了几种？

生命的历程，只为体验到“自己”真正是谁。

一条河的故事

有一个故事，我看过之后，一直难忘。

一条河，要流向大海。河一路奔腾，但在它经过沙漠时，逐渐干涸了。

河流很沮丧。

这时，风对它说：“我可以带你飞过沙漠，但你必须先化为蒸汽，放弃现在的模样，甚至忘记你曾是一条河。”河流无法接受，说：“那我还是一条河吗？我不能作为一条河到达大海吗？”

风说：“此刻，你是一条河，但你曾经是云，也曾经是雨，只是你忘记了。其实化为蒸汽，你并未改变。而你之所以坚持自己是一条河，是因为你还不了解你自己。”

如果你是这条河，你愿意放弃自己是一条河，就此蒸腾，融入未知的风吗？

这个问题，我问过很多人。

有人说，不愿意，我哪知道风会带我去哪儿，而且我还必须忘了过去，如果到不了大海的话，找谁算账去；也有人说，愿意，因为我知道，地球上的水永远都在循环；还有人说，我不知道，毕竟我不是那条河，而且也还没到必须做选择的时候。

闭上眼睛，想象一下，此时此刻，你就是这条河，一心奔向大海。但现在，你在流经沙漠的路途中，正一点点地变干涸。到达沙漠的边界，也许还很遥远，也许就在前面的一个转弯处。假设你从未学过地理、化学、物理，在你能回忆起的经验里，你只是一条以流向大海为使命的河。

生命中的三种智慧

我们生命经验里所能体会到的智慧，大概可以分为三种。

我听过很多老师都有过类似的论述，比如伯特·海灵格、罗伊·马丁纳等。

第一种智慧存在于我们的逻辑思维里，比如我们从书里看到的知识、理论，以及大脑中的分析、推理和结论。有时候这些可以和佛学中的“闻”和“思”类比，当然佛学中的闻慧和思慧，还有更深奥的含义。我们看过的书、听过的课、听别人讲的道理和理论、搜集来的知识和信息，都可以是“闻”，意味着我们知道了、存储了这些信息。而我们通过对信息的理解，再进行思考、分析和判断，这可以是“思”的过程。

一位病人拿到医生的处方，知道了每一味药的名称，即使他倒背如流，他的病也不会好。之后，他又精通了这些药的作用原理，推论出这个处方正对他的病症，甚至他还能通过医药学的笔试。可是，他

的病还是不会好。

叶公喜欢龙，家里到处都是龙的图案和装饰，但他从未见过真龙。这一天，真龙来看他，当龙头从窗台探进来，尾巴从门伸进厅堂，他这才体验到自己是否真的喜欢龙。

在没有体验和证悟之前，我们听到的知识和分析出来的结论，只能叫它借来的智慧。借得多了，我们会有错觉，觉得这些借来的东西就是自己的。也许有一天，我们坠入了生活的谷底，面临事业的绝壁，我们会想：生存还是死亡，这是个问题。往往此时才能验证：那些借来的智慧是否真正服务到我们，是否真正属于我们；我们拥有了所有能借来的智慧，是否就可以过好这一生。

第二种智慧可以称为活出来的智慧，是经由我们身体和情感的体验而得来的。如果我们带着增长智慧的意图来体验生活，就能体悟到一种活出来的智慧。有时我们会遇到一些长者，他们不一定学识渊博，言语间却蕴含深刻的哲理。我们也会遇见一些经验丰富的人，但他们被经验限制，活在经验的牢笼里，看不到更多选择。

书本上说应该学会管理情绪，应该感恩父母；老师讲应该去除分别心，应该活在当下。学的时候觉得他们说得真对呀，回到家我们就能做到了吗？不但我们不能，很多教授这些知识的老师下了课也不能。知道不代表做到，学过不代表活过。借来的智慧的确可以给我们带来一些改变，但要它给我们带来成长却不容易。而拥有活出来的智慧，则意味着我们获得真正的成长。葛印卡老师曾说："修证而来的智慧，就是基于我们对自身感受的体验所亲身了悟的真理。这种智慧是由直接体悟而来，因此能带来真正的利益。"

如果你没吃过巧克力，你听过、看过再多关于巧克力的描述，你也不知道巧克力的味道，也不知道你自己是不是爱吃。即使你吃了，如果你不清楚你现在正在品尝的是巧克力的话，你依然不知道巧克力是什么味道。

若想获得第二种智慧，只是经历生活、经历苦难是不够的，还需要赋予这些经历带给我们成长和智慧的意图。我们是否可以体会到，穿越这些生命历程，其背后有着什么样的动力？其过程又有着什么样的意义？

想象每天早晨，你都对如何体验今天有一个清晰的意图，比如今天我要体验"成为爱"，然后你就带着一个"成为爱"的意图开门走出房间，纵身投入茫茫世事之中。那么这一天，这些茫茫世事就是你反观内心的剧本，你就用今天的生活导演了一部关于“成为爱”的影片。

当你带着“今天所有的经历都在帮助我内心成长”的意图，去面对选择、面对关系、面对苦难、面对生死，这就是一种修行；如果没有这样的意图，就只能是一种消耗。

生活，可能是一场修行，也可能只是活着——等待着你必须去修行。

第三种智慧是把自己交由更大的智慧引导来的。伯特·海灵格说：“有些人认为他们在追求自己灵魂的真相，但事实上是伟大的灵魂通过他们在追求和思考。”有时候这挺难理解的，因为……，是的，这感觉不科学嘛。当我们认为我们就是我们头脑的所思所想，我们的世界等同于我们所能识别和分析的世界时，我们在此就变得很困惑，因为这是一个难以通过“理解”而去“理解”的维度。

不过可以用简单的体会代替理解。我们都曾感受过一些无意识发生在自己身上的现象，比如说灵感突然降临，比如说忽然有了某种直觉，比如说感到瞬间的了悟，比如说毫无预料地一见钟情——这些情境很难人为操纵。

有些艺术家说，自己最好的作品是上帝握着自己的手创作出来的。而我们做不到每次都有意识地把手交给上帝握着，每次握住上帝时就是不撒手。

以更宏大的方式看这种智慧，就是“无为”。这里的“无为”并非什么都不做，而是“无”在为，“无”就是那个更大的智慧。有人称这个智慧为“一切万有”，有人称之为“宇宙源头”，有人称之为“最高的爱”，那是我们忘记的无始无终的自己。

我们是否允许那个无法理解、无法分析甚至无法分享的“无”经由我们而为？我们是否信任把我们交由那个“无”而漂向新的彼岸？也许，无论我们是否允许，那个“无”都正在经由我们而为，区别只是我们是否有意识地在经历。

那么，作为一条以流向大海为使命的河，此刻，你在沙漠中前行，也在沙漠中干涸，你允许自己就此消失，让风带走吗？

生命的历程，只为体验到“自己”真正是谁

行万里路和读万卷书，不能相互替代，就像左手和右手，合在一起就有了更丰富而深远的意义。而在漆黑的夜色中，我们在艰涩的书中苦读求索，在崎岖的万里路上行走跋涉，究竟是为了寻找什么呢？

也许，这条奔向大海的河，它流经沙漠，只为体验自己真

正是谁。也许，我们遇见这个没有结局、没有答案的故事，只为创造一些新的故事。而我们正创造着这些故事。

这是一个多么有趣的故事。

今日练习

找一个安静不被打扰的地方，舒服地坐着，做一个深深的呼吸。

感觉自己随着呼吸慢慢地放松下来。

轻轻闭上眼睛。

再做几次深呼吸，感受整个身体随着呼吸一起一伏。

慢慢地，让自己的注意力回到自己的身体，慢慢把注意力放在你的心上。

自然地呼吸。

感觉你就安住在你的心里，你可以想象自己就住在心脏的附近，住在你心灵的深处。而身体就像你住的房子，此刻充满阳光，阳光包围着你，爱护着你。

在这个阳光下的空间里，也会有思绪、情绪或感受在飘浮着，就如同光束中的细微尘絮，在宁静的空气中缓缓地沉淀和下落。

也许你在生活中有一些身份，比如你是一个儿子 / 女儿，一位父亲 / 母亲，一个公司或单位的职员，一个组织的领导或成员……想象这些身份就像光线下的尘絮，正在缓缓地下落，缓缓地沉淀。

想象你的性格、你认为自己的优点或缺点、别人对你的印象、你对自己的评价……也像光线下的尘絮，缓缓地下落，缓缓地沉淀。

随着尘絮的沉淀，光线下的空间也变得更透明、更清晰。

想象你的经历、你的过往、你对未来的担忧或期待，也都如尘絮在下落；想象你的名字，也如尘絮缓缓地下坠。

这个空间越来越清晰透亮，越来越安静平和。

你安住在这个空间里，自然地呼吸，自由地呼吸着。

就在这种感受里静静地待一会儿。

当你觉得可以了的时候，动动手指，动动脚趾，让注意力回到你的身体，回到你在的房间。

再做一个深呼吸，慢慢地睁开眼睛。

静静坐一会儿，结束这个练习。

我们大部分的痛苦，来自对现实的抗拒

当我们说“是”的时候，并不意味着放弃或失败；反而当我们说“是”之后，能量会迅速聚焦于行动之中，让我们更有力量。

你是如何找到平静的?

有个故事：

有一个人去寺院静修，静修完成后，他感觉不错，觉得自己的思路比从前更加清晰，内心也更有力量了。但他还是觉得少了点什么，于是他找到一位僧侣，问道：“你是如何找到平静的？”

僧侣说：“我说‘是’，对于发生的任何事，我都说——‘是’。”这个人从僧侣的话中得到了很大的启发，并且

在生活中不断地运用，从而获得了越来越多的平静。

说“是”如何能带来平静呢?

基于抵触的内在战争

想一想，说“是”的反面——说“不”，每一天在内心深处，我们会说多少次“不”呢？算上你意识不到的，也许数以千计。当我们不得不去做一些必须要做的事时，当我们对一些事忽然失去了热情时，当撞见一个总是批评我们的人时，当拖延需要立即完成的工作时，当我们眼看能成功却莫名其妙退缩时……我们内心都有一些或大或小的声音在说：“不、不、不……就不！”

每当这些时候，也许我们会察觉到，我们的内心不自觉生起一些微妙的抵触，这些抵触不知不觉让我们处在一种内在对抗状态。

我们可以通过类似这样的例子观察抵触——你听到有人在说“你应该……”“你必须……”“要不……你就……了”“这都是为你好”等等，你一定可以瞬间联想到这些场景，这时就算你知道他说的这些是“对”的，但也不会立即照他说的做。

因为我们会自动处于某个抵触的状态。我并不是说我们一定要听话照做、唯命是从、不懂拒绝，而是我们可以借由这些例子，观察我们内在的抵触。

我们还会有这样的观察：很多类似“你应该”的声音，是从我们内心响起的——内心中仿佛有两个声音，一个说“你应该”，另一个在说“不”。比如，“你应该起床了”，“不”；“你应该少吃点”，“不”；“你得赶紧复习功课”，“不”；“你必须再打个电话就成交了”，“不”……在我们的内心，每天都上演着无数个“不”。这种内在对抗的发生频率远远高于我们与外在环境的对抗，这无形中消耗了我们大量的精力和能量。

有意思的是：当我们看到这个抵触时，我们就会逐渐放下这个抵触；当我们允许这个抵触存在时，我们就放下了更多；当我们对这个抵触说“是”的时候，这个抵触产生的能量就越发微弱。我们也开始从内在不自觉的压力和紧张中解脱出来，轻松了起来。

说“是”，并不是指妥协和听话，我们可以对指令说“不”，但对现实说“是”。就像前面的故事中，僧人说，对“发生的任何事”说“是”。因此，我们对抵触说“是”。

如果我们放下抵触，那么就可以在不对抗的状态下，做出

基于独立思考的清晰决定。在这个基础上的决定——无论是同意、接受还是反对、拒绝，都是清晰坚定的，都是自在舒服的。无论做或不做、接受或拒绝，我们都是平静的，没有评判和情绪的困扰，我们能量的焦点聚焦在独立思考上，聚焦在爱上，而不是落在内在的干扰、冲突和对抗上。

我们大部分的痛苦，来自对现实的抗拒、对当下的抗拒，这种抗拒让我们离开了当下，离开了真实，从而制造出更多的痛苦。

当我们说“是”的时候，并不意味着放弃或失败；反而当我们说“是”之后，能量会迅速聚焦于行动之中，让我们更有力量。

我小时候就是一个爱说“不”的孩子，就算长大了，大家也总是觉得我比较“倔”，但我习惯了这个状态，甚至对这种状态有一种身份认同，似乎不特立独行一下就不是我了。但后来我逐渐发现，这种潜在的较劲儿状态并不能让我更自由自在，而放下这种状态也并不意味着我不是“我”了；相反，这个“我”更真实了。

我们曾经通过“对抗”寻找自我的边界，如今通过放下，更能呈现出那个真正的“我”。

不再认同小我，而与更大的智慧相连

无论我们是否意识得到，生命里的一切发生，在更高一个层面都反射出完美的安排，没有一片雪花会落错地方。当你走到一定程度，回望过去的发生，也许也会有同样的感悟。但是现在，你可能并不以为然，你会觉得，很多事情本不应该如此。

我们都希望外界改变以符合我们的要求，同时我们又不希望改变自己。我们试图用小我的力量去控制事情的发生和走向。在这个过程里，我们和外界之间自然会形成一个外壳，当这种控制——包括希望改变和不希望改变——变得强烈甚至带有强迫性时，这个外壳会使我们封闭而无法打开自己，我们的能量在此变得不平衡。

封闭，就像我们在说：不；而打开自己，则意味着说：是。打开自己，往往会经历一定的痛苦。在成长过程中，我们本能地会用封闭来保护自己，保护我们认为脆弱而匮乏的部分。我们试图用认同外壳的方式，回避自己的脆弱和匮乏；而敞开自己，意味着我们首先要直面自己那些脆弱和匮乏的部分。

然而，只有当我们直面这些脆弱和匮乏的部分时，我们才会穿越它，让真正的内在之光散发出来。当我们直面它，才会发现其实这些脆弱和匮乏只是假象，并不是我们的真相。如果我们说“不”，我们就一直处于一个封闭、紧缩的状态，我们就不太能看到真相。

当然，很多时候，我们并非主动地“打开自己”，而是经过一次次碰壁，所谓不得已而为之。我自己就有这样的经历，我看到很多伙伴也有类似的经历。每个人都有自己那面南墙，等着我们不断加速、不断加速、不断加速，然后撞上去，撞得粉碎。一次碎得不彻底，还会被安排下一次，直到我们以破碎的方式重生。

值得注意的是，打开自己完全不同于把自己的力量交给某个人、某种依靠、某位权威、某个我们期盼的拯救者。相反，在打开自己的过程中，我们从外面收回了自己的力量，我们为自己负责。

于是，这样说“是”，意味着我们认同更高的智慧——在小我的外壳之内，我们最深的内在即是我们曾认为遥不可及的宇宙智慧。我们曾以为缥缈遥远的宇宙之心与我们的心，是同一颗心。

打开一扇封闭的窗，我们就可以对阳光和恩典说“是”；打开一扇紧锁的门，我们内在智慧的种子就会开出花来。

今日练习

回想某些你曾抵触过的话语、情景，或是某个人、某样东西，或是一些你不得不做的事情、应该做却不想做的事情，感受你心中的抵触和抗拒，感受因抵触和抗拒而产生的紧张和压力的能量。

你可以尝试以下步骤：

1. 允许这个抗拒和抵触的到来，你可以对自己说：“是，我允许这个抵触存在，我允许这个抗拒存在。”

2. 问自己：“保持这个抗拒和抵触是我使用生命能量最好的

方式吗？”什么答案都可以。

3. 问自己：“我允许自己放下这个抗拒和抵触吗？”什么答案都可以。

4. 问自己：“我愿不愿意放下这个抗拒和抵触？”什么答案都可以。

5. 问自己：“我能不能放下这个抗拒和抵触？”什么答案都可以。

6. 问自己：“我打算什么时候放下这个抗拒和抵触？”什么答案都可以。

7. 感受一下，一些内在因抗拒和抵触而产生的张力是否减轻了，那个紧张和压力的能量是否被释放了、减轻了。如果还存在一些的话，可以重复 1~6 步，直到这个能量完全被释放。

对于处理情绪这件事，我们都只是个孩子

当你意识到情绪的存在，或者感到情绪让你不舒服，意味着你注意到一个要点：你不是那个情绪，那个情绪也不是你。

情绪是好还是坏？

今天有一个朋友和我说，如果有人跟她说“你有情绪”，她就特别反感，“感觉好像你就是在说我不好”，然后她的情绪会更加反弹。有时候我们还没有走到处理情绪的那一步，就先困在另一种情绪反应之中。

在我们的成长过程中，“有情绪”似乎是一个特别不被接纳的事。很多人觉得，理性和冷静是值得赞美的，而有情绪

就像带着贬义，甚至有时候“特别感性”也会被认为是个贬义词。

“有情绪是不好的”，这本身也是一种限制性信念，同样是一种干扰能量，影响我们的内在平静。它会使我们趋向于压抑或回避情绪的能量，压抑和回避都是抗拒情绪能量的一种表现。

每个人都有情绪，而那些不被接纳的情绪，虽然被我们压抑或者回避了，但它们并没有消失，也没有离开你。它一直存在着，等下一个导火索出现，它就会再次被点燃，再次抓住你的注意力。所以，我们在不同时期感受到的某种情绪，往往是同一个情绪能量的反复出现，只要这个能量还没有被你完全、充分地释放，它就会一直被你留在身体的场域里。

要释放它，有一个前提，那就是不对这个情绪能量产生“好”或“不好”的评判。如果你觉得它“不好”，你自然就会抗拒它——要么通过压抑，要么通过逃避——那么它就走不了；如果你觉得它“好”，对你“有用”——比如有人会认为愤怒对自己有用——你自然就趋向于保留它，它也不会离开。

情绪能量其实不分好坏，在我们赋予它评价之前，它就是一个中性的能量。我们不要用评价抓住它，是它离开的前提。

你不是情绪，情绪也不是你

当你意识到情绪的存在，或者感到情绪让你不舒服，意味着你注意到一个要点：你不是那个情绪，那个情绪也不是你。

我们只是感受到了愤怒，而我们并不是愤怒本身；我们只是感受到了忧伤，而我们并不是忧伤本身。当我们有了这个细微的觉察时，我们就把自己和情绪分开了，这个觉察有助于释放困扰我们的干扰情绪。

就像前面所说的，你可以把情绪理解成一种能量，一种存在于你身体里面的能量。也许在很久以前，它就在你的身体里了。也许在童年的时候，也许在婴儿的时候，甚至更久远的任何时候。而当外在的某种刺激来到时，我们重新将这些原始的能量调出。也许你已经注意到，当我们处于某种情绪中时，我们的表现就像四五岁的孩子，无论此刻我们多大，我们又再次回到过去。被情绪占据时，我们大多数人虽然身体成熟了，但在情绪成熟度上依旧还是个孩子。

最初这些情绪的出现，在多数时候，是一种自我保护，可以让我们不必直面自己的脆弱，而把注意力放在情绪这种更强烈的能量感受上，比如专注于愤怒、委屈等。这样，它也会将我们的注意力带到外在引起这种情绪的事物上，从而回避了内在一些更深的感受，比如脆弱、匮乏和分离。而在成长过程中，对于这些情绪引起的不适，我们往往又会用另一些情绪能量去包裹，这样反反复复多年，我们很难靠有意识的记忆，明确找到这些情绪到来的最初原因和线索。

处理情绪，不一定要找到引起情绪的原因

对于处理情绪，找到具体的成因和线索很重要吗？我觉得并不重要。它的成因，那个过往的故事，也许对于我们的好奇心比较重要，但对于处理和释放当下的情绪来说，过往的故事会将我们带离当下，还可能暗示我们“那不是我的责任，我是

个受害者”，从而进入另一种干扰之中。

对于处理和释放情绪来说，重要的是当下。在这个当下，你怎么感知到这个能量，怎么充分释放这个能量，使它不再困扰你，进而你能更加清晰而真实地面对自己。当你对自己的觉察越清晰，情绪将不再成为你的应激反应，你也越不会轻易被情绪带走。

我们每个人身体里都有无数的情绪能量，在不同的外在刺激下，会做出不同的反应。处理情绪很重要的一步就是，看清它——看清它并不是你，它只是你身体里的某种能量。你可以允许自己有情绪，接纳这些情绪而不是抗拒它。当你与它和平相处，你可以更清楚地看到它。它只不过在吸引我们的注意力，让我们不再深入我们底层的脆弱与匮乏。它用这种方式保护我们，但也阻碍了我们深入处理那些深层的问题，让我们容易把责任归于外在，而忽略了自己对于自己的幸福与快乐的责任。

对于解决情绪困扰，虽然有很多通过认知途径获得的解决方案，但以我自己的了解和体验，从情绪能量的层面去解决，是最直接有效的方式。所有的前因后果、过去的背景故事、苦口婆心的分析和道理，都会把我们带离当下。而在当下，情绪就是一个能量的存在，将它唤醒和释放，这个能量就会离开你。

像这一类情绪处理的方法还有很多，比如我们熟悉的荷欧波诺波诺释放法、圣多纳释放法、精通情绪技术等。没有哪一种方法“好”或 “更好”，除非你去体验它，你尝试过对你有效的方法，就是最好的方法。

今日练习

静坐，深呼吸，把自己带到正念的状态。

回想最近某个让你产生情绪的情景，比如和孩子、父母关系中的事件，亲密关系中的事件，等等。感受这事件在逐渐引起你情绪反应的过程。

你可以让身体帮助你显现这个能量的位置。

感受这个情绪能量在你身体的存在，它在什么位置？在你身体里，还是在身体外包裹着你呢？

你可以看到它，观察它，它的大小、形状是什么样的。

然后你可以采取一些释放的方式，释放的方式有很多种。你可以试试，对你感受到的这个内在能量，在心中反复说：谢谢你，对不起，请原谅，我爱你。

直到你感到能量减弱和消散。

然后你可以做几个深呼吸，结束这次练习。

为什么我们越来越不容易快乐了？

如果你的信念转化到“我即是快乐本身，我即是一个无条件快乐的人”，那么无论如何分享快乐，你的快乐都不会减少一点点。

世界上所有不快乐的人

有一句话是这么说的：“世界上所有不快乐的人，都因为他们只想自己获得快乐；世界上所有快乐的人，都因为他们想要别人获得快乐。”这句话来自古印度的寂天菩萨。

你会说：“不是吧，自己都不能获得快乐的人是怎么让别人获得快乐的？如何通过让别人快乐而实现自己的快乐呢？”

这么想的确让人有些困惑，就像“我们怎么能给予别人我们没有的东西”？如果我们自己没有先获得快乐，那么又怎么给予别人呢?

一般的经验会告诉我们，“快乐”是一种感受，这种感受来自某些外在的刺激。比如，一个笑话、一个出乎意料的幽默动作；比如，某个期待被满足了，某个目标实现了。经由这些外在的刺激，我们就可以获得快乐。因此，我们都会不由自主地寻找让我们快乐的外在刺激，寻找让我们快乐的人、事、物。

但你也会发现，这样得来的快乐真的是“快”乐——太“快”了，它消失得很快，稍纵即逝。得到一个荣誉，实现一个目标，看到一个笑话，你笑了，但很快这个“快乐”就溜走了，你得不断去寻找下一个荣誉、下一个目标、下一个笑话。而且，随着每一次期待的满足、每一次目标的实现，你的“快乐点”也越来越高。比如，今年生日收到了一颗钻石，你很快乐，一年之后你收到同样一颗，好像就没有去年那么快乐了；今天这个人给你一个温暖的微笑，你很快乐，之后你再看到同样的微笑，会说这人就知道傻笑，一点用都没有。

你越来越不容易快乐了。

当快乐逝去，我们会不断地寻找和索求更多的快乐。对大多数人来说，这是一个痛苦的过程，本来是追寻快乐，结果却陷入连绵不断的痛苦。你看这世界上，很多人拥有你期待的一切，但他们并不快乐；很多拥有成就、拥有金钱的人并不快乐；很多拥有伴侣、拥有保障的人并不快乐；很多健全的人还没有一些身有残缺的人懂得快乐。

但也有一些人，你觉得他们没遇到什么值得快乐的事，也没什么日新月异的外在刺激，他们还是那么充实快乐；甚至有一些人，你觉得他们明明处境堪忧，却还可以击缶而歌。想一想你身边有没有这样的人呢？想一想你在人生中的某些阶段，是否也曾是这样的人呢？

真正的爱、喜悦、宁静和快乐都是无条件的。真正的快乐是“无条件的快乐”，是由内向外、不依赖外界刺激的。你生而快乐，你本身就是一个快乐的人。

然而随着我们忽视内在的快乐，不断将快乐定义为有条件的感受，我们的注意力就从关注内在快乐转向追寻和索求外在刺激，并且形成了“快乐需要获取”的内在信念。

你的生活总是趋向印证自己潜意识中的内在信念。当你内心中有一个“快乐需要获取”的信念，你就会在生活中发现可以印证它的体验，或者说你会吸引这样的体验，然后在心里说：你看，快乐果然需要获取吧！

如果你的信念是“快乐是无条件的”“快乐就是我本身”，那你自然就会给予自己快乐，散发快乐。你每一次给予自己快乐，都是在印证“我天然就拥有快乐”这个信念。

天生快乐

回想你的童年，现在你懂得的比那时候多得多，拥有的比那时候多得多，为什么你却时常觉得童年才是最快乐的时光呢?

很多做妈妈的朋友也许会有这样的经历，在去做产检的时候，医生看着检查的图像，会说：“你看这个宝贝很快乐啊，满脸的愉悦，你看，他还笑呢，是听见我说的话了吗？”当时的这些快乐，是因为外在有什么刺激性事件吗？我们在胎儿时并不能清晰认知外在的具体事件，不可能听得懂医生的话，我们顶多是通过母亲的感受来获得感受。在母亲的子宫里，你就享受着天然的快乐，你天然就是快乐的，你天然就拥有无条件的快乐，或者说，纯粹的喜悦。

在出生后，我们开始经历一系列分离的体验，也会经历各种创伤和挫折，我们的注意力更多放在了外在刺激性的体验上，而无意识地忽视了内在的喜悦。我们那些不舒服的感受

与外界传达的观念、头脑的想法相叠加，逐渐形成了一些内在信念，比如前面提到的“快乐是由外在条件决定的”——这个信念让你形成了一个自动化的反应：是啊，唉，没人逗我，我有什么可以快乐、可以笑的呢。

头脑需要一些因果关系去创作故事和剧情，并由此来证明那些关于“自我”的核心信念。比如：没有无缘由的快乐，快乐就是一个结果，没人给予我快乐我就不会快乐，没人给予我幸福我就不会幸福，我不够好，我不配得……当我们置身于一个充满因果关系的人生剧本里，我们的快乐究竟是一个结果，还是一个原因呢？

对于头脑来说，这个充满二元对立的世界大部分是可以被逻辑化、被线性化、被物质化的，这样比较符合头脑所追求的确定性。如果我们将当下的体验和感受代入一种确定的因果关系中，这种感受就会显得合理，从而这个人生剧本就显得真实。

快乐是结果，还是原因？

任何时候，你都可以“是”那些你天然就有的，比如快乐、喜悦。

如果你“是”那个快乐和喜悦，你就会让更多人感受到那种天然的力量，就像人们处在大自然中就会变得平静，看到朵朵野花就会感到美好，看到小猫、小狗就会面露微笑，看到婴儿心里就充满了爱和希望。只是因为你“是”，你就可以以此服务到更多的人。

在人类的精神之旅中，我们所有意识进化的进程都会在服务中得以加深和完成。服务，并不仅是我们为他人做了些什么事，而是我们的内在频率引发的行动，带给世界相应的振频。你散发喜悦的振频，让你也拥有了一个喜悦的世界，与此同时你也越发印证和滋养了你天然喜悦的心。

从这个意义上来说，快乐并不是一个结果，快乐也不是某种意义上的原因，快乐就是你自己。当你以“你是爱和喜悦”作为存在于这个世界的方式时，你的存在本身就是一种伟大的教育。

生命中重要的不是我们获得了多少快乐，而是经由这个旅程，让我们发现我们就是快乐本身，我们就是无条件的快乐，我们天然就拥有快乐。

有时候我们的头脑不太容易理解这一点，因为我们现有的逻辑建立在旧有的信念之上。只有旧的信念松动了，新的生活才会到来。而当我们意识到这一点时，我们就走入了一个新的阶段，接纳我们遇到的“不快乐”，它们只是像镜子一样，提示我们回到内心中天然的样子。

如果你的信念转化到“我即是快乐本身，我即是一个无条件快乐的人”，那么无论如何分享快乐，你的快乐都不会减少一点点。

当我们以“我是快乐的人”的信念生活和行动，他人自然会被我们的快乐所感染。在这个输出快乐的过程中，我们体验、印证“我是快乐的人”，那么我们自然也会感受到更多的快乐。

此刻，也许你的胸膛正在感受着快乐的澎湃，那是因为你回到了你天然的状态。

快乐是那么简单，不是吗？

今日练习

找一个无人打扰的时间和空间，让自己舒服地坐着，闭上眼睛，把注意力放在自己的呼吸上。

关注自己一呼一吸的感受，每次呼吸都像是可以获得一个全新的感受。

感受一下头脑里的声音，仿佛慢慢停止，就像水中的杂质逐渐下沉，趋于平静。

你只在此时、此地，而不在任何其他的时间和空间。

你只享受此时、此地。试着让自己停留在这种感受中。

如果你感到有些困难，也可以试着回想那些让你头脑完全放松的时光，头脑就像停止运转，完全沉浸在感受中。比如在某次旅行中沉浸的瞬间，在某个游乐场中开心的状态，处于完全失去理智的爱情中，等等。

只是处在这种感受中，锚定自己内在的感受。

在这种感受中做几个深呼吸，让每个细胞都沉浸在这种感受中。

当你觉得可以了的时候，结束这个练习。

你值得仅以你的存在而爱自己

当不依赖外界的评价，不依赖他人的肯定，你就放下了依赖所带来的恐惧。同时，你也对自己的幸福负起百分之百的责任。

存在即是祝福

林子很密，阳光从树梢间投射下来，洒在不知名的野花上。野花在微光中安定伫立，如同拥有了全世界的目光，但它无所谓全世界的目光，不在乎你是不是知道它，也不在乎你是不是觉得它美丽。它就只是它自己。

花朵有花朵的芬芳，落叶有落叶的回响。一阵风吹过，花朵传递了它的芬芳，落叶奉献了它的回响，芬芳和回响在空气中振动着，飘向远方，就像我们的爱一样。

树梢上是云，云上是天空，天空之上有无数不知名的星星，星星闪着各自的光。你能看得到的星星，只是极少数，就算看到了，它们看上去也没有很不一样，但这并不妨碍它们发出各自的光。

每一棵树、每一朵云、每一颗星都有自己的宇宙，它们不因自己被命名、被欣赏而存在，它们不因自己需要成为另一朵云、另一颗星而努力。

我祝福你的成功来自 “你是你自己”，而非迎合你所不是的他人的认同，也无须趋同于那些“你不能成为真实的你”的标准。这一天，你是你自己，这一天就是成功的一天。

我祝福你可以叩开心门，看到一个未知而无限的你自己。他不存在于身份中，也不存在于比较中。你也许会对他感到陌生，但这个陌生人却会为你祝福，会将你融化。

就像每一滴水融入大海，就像每一次心动连成一首无声的歌。

仅因自己的存在而感谢自己、爱自己

你是否仅以你的存在而爱自己呢？没有任何条件，没有任

何要求，只是因你的存在而爱自己。

你最深的本质是无限的存在，在你的头脑认知之外，在你所有限制之外，在你的内心最深处。头脑的认知是基于限制性的时空维度形成的，而感受会触及更深的地方。当你只认同头脑是你，限制就会使你无法相信自己对无限的感知。久而久之，你就忽视了自己对最深本质的感受。

一朵花无论盛开还是凋谢，都是一朵花，不骄傲也不自卑。当视自己的所谓缺点、伤痛为自然的存在时，你才会开始爱自己。只有当你把这些缺点、伤痛评价为负面时，它们才会伤害到你。接纳你的所谓不完美，对它们说“是”，你的眼前就展开了新的旅途。

我们通常喜欢展示自己被别人欣赏的部分，习惯掩饰自认为不太光鲜的部分。如果一个人可以带着接纳来展现他那“并不一定被别人赞赏”的一面，那么无疑他是勇敢的。

你值得仅以自己的存在而感谢自己，你值得仅以自己的存在而爱自己，你值得自己的认可和祝福。当不依赖外界的评价，不依赖他人的肯定，你就放下了依赖所带来的恐惧。同时，你也对自己的幸福负起百分之百的责任。一旦专注于自己内在的宁静，你就自然散发着爱的频率，就像流星贡献了夜晚的神秘，就像枯荷贡献了雨落的声音。

我祝福你可以宽恕所有的过往，接纳所有的发生。我祝福你可以真正爱自己，不是因为你有钱、有名而爱自己，不是因为你被赞赏、被认可而爱自己，不是因为有人爱你而爱自己，而是你仅仅因自己的存在而爱自己。

今日练习

找一个无人打扰的时刻，让自己舒服地坐着，双手放在双腿上。

闭上眼睛，做几个深呼吸，平静地和自己相处。

当感觉自己平静下来，可以搓一搓双手手掌，把手掌搓热。

然后把左手放在你的心轮（心脏附近、胸口）位置，右手放在左手上，即双掌交叠放在心轮处。

自然地呼吸，感受双手手掌的温度正在慢慢渗透你的心轮。

感受手掌的温度带着满满的爱，正在温暖你的心轮，给你带来爱的抚慰。

慢慢感受这份爱的温暖，从心轮扩散到你的整个身体，深入每一个细胞。

专注这爱的温暖、爱的流动。

你可以在心里对自己说：从现在开始，无论如何，我都爱自己，我感谢“我是我自己”，我爱自己，感谢自己。

你可以重复这些话，感受心中爱的温暖、爱的振动。

当你觉得可以了的时候，结束这个练习。

头脑总是叫我们做正确的事，可生活却从来不给标准答案

头脑是很好用的工具，但我们不要认同“我们就是头脑”。如果视头脑为一个服务心灵的工具，我们就更容易专注于心灵，从心的能量出发。

在标准答案中长大

有一个问题挺有意思，如果一个孩子的父母都是顶尖艺术鉴赏高手，那么他成为艺术鉴赏高手的概率大不大？

十几年前我听过一个讲座，是关于左右脑和艺术鉴赏之间的关系。大意是，左脑是线性思维的，趋向于逻辑分析和推理，最终形成“正确”答案，而右脑是非线性的、发散的、没有标准答案的。

欣赏同一件艺术品，不同人的右脑有不同的感受。不同人的感受会赋予这件艺术品不同的价值，同时不同的感受进入不同人的认知和表达层面，也会形成对这件艺术品不同的鉴赏和解读。所以，对艺术品的鉴赏和解读是没有“正确”答案的，每个人都有自己的鉴赏和解读。

一件艺术品，有人从中得到放松，有人从中得到美的感受，有人从中得到人生启示，都没问题。不过对于那些以艺术鉴赏为专业的人来说，这鉴赏虽然没有对错之分，却可能有所谓鉴赏水平的高下之分。综合所有人的解读，做成图表，会呈现出一个圆锥形的分布图，越向下越分散，越向上越集中，成为圆锥形的尖儿。也就是说，顶尖艺术鉴赏高手的看法趋向于一致，而我们普通人的解读则百花齐放。

那么回到最初的问题，如果父母两个人，都是顶尖的艺术鉴赏高手，都在那个尖儿上，那么他们的孩子会不会也是一个高手呢？讲座中大家纷纷说，那肯定是呀；而老师却回答说，这很难。对于一件艺术品，如果孩子从父母那里获得的解读几乎一致，那么他会形成一个“标准答案”，从而把这个答案与艺术品确立为唯一的对应关系，这个学习过程是一个以左脑为主的思维过程。在这个过程中，孩子容易忽略自己右脑对艺术品的感受以及相关的感悟，而趋向于那个“正确”答案。在这个潜移默化的学习过程中，孩子的右脑并没有得到开发，而是以左脑的线性思维去“欣赏”艺术作品。

如果父母两人对一件艺术作品有着不同的、分散的解读和鉴赏，反而容易调动孩子自己的感受。他会得到一个更大的空间去开发自己的感受，并把注意力放在自己的感受和直觉上，这会有助于他的左右脑同步发展。

通常，我们都是在寻求“正确答案”的教育中长大的。这种教育的好处是培养我们思维缜密，少犯逻辑上的错误，我们习惯追求与“标准答案”一致，善于各种应试。但如果这一类型的教育，是我们成长中受到的唯一教育，我们很容易产生评判——不符合标准答案的就是不好的、不被认可和欣赏的。我们会下意识地以此评判他人，也评判自己；我们也会对偏离标准答案感到恐惧，因为偏离标准答案很可能意味着不被肯定、不被爱甚至感到不安全。

我曾经是一个摄影爱好者。我至今还记得第一次看到贡嘎雪山时的情景：车一转弯，雪山如神圣而永恒的存在出现在我的视野里，我拿起相机激动得一顿乱按。那时候还是胶卷相机，很快一卷卷胶卷就没了。你知道在车上这么乱拍，是很难出好照片的，但我至今都记得当时激动的心情。后来，我去到过很多更壮丽、更奇幻的雪山，我精心找到前人留下的最佳拍摄角度，耐心等待光线的变化，选用适合的镜头，这样可以拍到一张张“正确”的照片，但我却没有了曾经的激动，我已忘了拍摄那些“正确”照片时的感受。

这也很像在婚恋网站上填写自己希望的伴侣条件，这样你可能会找到一个“正确”的伴侣，但“正确”的伴侣不一定和爱情有什么关系。

对于生命来说，失去了感受和情感的联结，也就失去了生命力。

在不信与迷信间摇摆

“只有可推测、可论证的，才是可相信的，不然我绝不会相信”——我有很多的朋友都持这样的观点，我曾经也是。这也是一种看待世界相对安全的方式。还有很多朋友摇摆于两个极端，要么“不信”，要么“迷信”。就像大家常说的，有时候容易被“洗脑”，就像被什么控制了似的；有时候又对一切经验之外的事物充满戒备，甚至感到恐惧。

我的感受是，无论是完全依赖“可论证”、必须“看得见

摸得着”、不相信直觉，还是容易被“洗脑”、容易盲从，都会处于一种不在自己中心的状态。当你在自己的中心，你会与自己的思考和感受同在，既不会被线性思维所限制，也不会随风无根飘荡；既不会陷入群体的焦虑和担忧，也不会被群体的激情与冲动淹没。

正如我们一直倡导的独立思考——真正的独立思考是整合了左右脑思维的第三种思维，整合二者并与二者同在。线性思维与直觉感受都是体验人生的方式和工具，二者的连接、平衡和整合有助于我们获得安定自己内在中心的状态。我们使用这些方式和工具，经由人间维度体验神性使命，搭建一条往返于显化与解脱的道路。

我们曾经所接受的教育，无论倾向于开发左脑还是右脑，都需要发展整合二者形成的第三种思维。意识到这条路的存在，就是一个新的开始。

头脑是爱的工具，使用它而不要成为它

人类离不开头脑，需要头脑，但也容易被限制在头脑编织的小我世界中，迷失在执着、评判之中，抓住过去与未来的“故事”不放。在这个充满相对性的世界中，如何联结心灵与头脑，平衡心灵与头脑的关系，使用头脑这个工具，而不迷失于小我世界的自娱自乐，是我们通往持久幸福和平静的一大功课。

头脑是很好用的工具，但我们不要认同“我们就是头脑”。我们使用头脑，但不要成为头脑。如果视头脑为一个服务心灵的工具，我们就更容易专注于心灵，从心的能量出发。

有些伙伴会把头脑放在与心对立的位置，而这种张力并不利于我们完成生命的转化，我们只是创造了一个角色来批判另一个角色。

头脑不是我们的本质，爱才是，头脑只是爱在这一维度的工具。我们不需要认同头脑，但也不能失去它。如果我们创建

一个心脑共振的能量场，这个场域将会达到一个较高的振频。这个振频可以帮助我们在世俗生活里活出永恒心灵的使命，在纷繁的世界中实践爱。

我们试着转换一下我们的身份和视角。如果这个“你”并不是作为一个物质身体拥有一个精神存在，而是“你”就是一个永恒的精神存在，拥有一个身体、一段生死之间的生活，那么这之间所发生的超越和显化，都是这无形精神存在穿越有形世界所需要经历的体验。在这个体验中，如果我们仅仅活出精神性的部分，或者仅仅活出我们有形的、物质性的部分，都是不完整的。我们必须上下打通，实现完整的体验——“你”作为人类体验永恒的心灵存在，以及在这二元对立的世界中“你”作为心灵存在，体验“你”真正是谁。一体两面，缺一不可。

独立思考不仅意味着不盲从迷信，有自己独立的分析判断，还意味着不狭隘局限，在跟从内心做选择时，不违背现实生活中的重要原则。如此这般，我们就会进入一个更宽广的觉知中，体验到生活中的独立和合一是可以同时实现的。

今日练习

找一个无人打扰的时刻，坐在一张椅子上，保持身体的直立，不要靠在椅背上。

让自己保持身体的放松和舒适，放松双肩，放松双臂，放松腹部，放松双腿。把注意力放在身体此时此刻的感受上。

让自己的呼吸逐渐变得越来越慢，越来越慢。

你也可以做十次深深的呼吸，直到你感到完全的安定和平静，慢慢转向自然而轻柔的呼吸。

微微张开眼睛，但不要“去看”，尝试让光线一点点进来，让眼前的景物一点点进来。

注意，不选择去看什么，也不去辨认看到了什么，不贴标签和下判断，只是单纯地让眼前的景物进入你的眼中。

保持自然轻柔的呼吸，与这些景物同在。

慢慢地，也许你会感到有一瞬间，“你”消失了——看的人消失了，只有“看”的觉知和“被看”的觉知同在。

不需要寻找这种感受，只是放松地体会。

当你觉得可以了的时候，结束这个练习。

只有不需外来的认可和赞许时，你才变得自由

最大的限制，来自自己对自己的限制。如果你对自己不带任何看法，百分之百接纳你自己，你也会更容易接纳他人，更容易注意到他人对你的接纳。你就在这个过程中，印证了自己无限的可能性。

赤裸的梦

你做过这样的梦吗？梦到自己赤裸走在街上，或者在一个公开的场合，忽然发现自己几乎什么都没穿。很多人都做过这种类似的梦，如果你也做过，还能记得梦中意识到自己在外赤裸时的感受吗？

有些伙伴的感受是，自己觉得特别尴尬，感到羞愧窘迫，

想遮掩，想躲藏；有些伙伴则不同，会感到轻松、愉悦和解脱，有种重获新生的感觉；还有些伙伴两种感受都有，一开始感觉有点不安，想法遮盖，但后来发现周围的人好像对此无所谓，就慢慢放松了，感到一种接受了自己的坦然。

如果能意识到自己在这个过程中的细微感受，其实是对自己很有意思的一个觉察。我们多多少少都会对暴露自己有恐惧感，会在意别人的目光，会希望自己以一个被所处环境认同的形象和身份出现。

如果在梦里感到赤裸的窘迫不安，可以让我们觉察自己对认同的需要，以及因在意别人的看法而产生的不安全感。在梦中有这样的感受时，有可能我们正处于某种类似的情境，比如陷入某种压力，面临失去名誉地位，面临人言羞辱或世俗眼光，并为此感到担忧和受挫。

有时候，在这样的梦境中，我们会感受到些许轻松，似乎某些遮掩和面具已经让我们感到厌倦，感到不舒服、不自在。这时候把自己真实的一面坦诚展现，好像去掉了各种遮掩，反而一下子让我们放下了一个重担，在梦中放飞了一回自我。

外部环境没什么可恐惧的，让人恐惧的大多是自己的猜测和想象。

在另一种情况中，做梦的人发现自己没穿衣服，先是感到慌张，想遮掩躲藏，但发现大家并不在意，于是就逐渐放下担忧，变得轻松起来。这个过程很像现实中卸下“面具”的过程，比如初次见到一群陌生人，希望给大家一个好印象，就不自觉地会“装”一下，后来混熟了，觉得这些人可以接纳自己的真实，不在乎自己所谓的不足和脆弱，于是终于可以放下伪装，变得开心自在，放松舒坦，像变了一个人。

精神赤裸

除了在梦里，在现实生活中相对公开的场合，你有过赤裸身体的经历吗？不是在公众澡堂男女分开那种，而是相对更开放一点的，比如有些朋友偶尔会裸泳什么的，或者在类似相对安全的天体海滩之类的地方。

我第一次有这样的经验，是在美国旧金山附近一个叫“伊莎兰学院”(The Esalen Institute) 的地方。伊莎兰建在西海岸美丽的大苏尔海边，是一个意识探索、整合与研究的重地。我们白天探讨精神、哲学、生命之类的话题，晚上在伊莎兰泡温泉。温泉在海边的峭壁上，眼前是浩瀚无边的太平洋，抬头是无尽闪烁的星群，你会感到每个毛孔都在敞开着拥抱宇宙。

在这里泡温泉，你可以选择穿泳衣泳裤，也可以选择不穿，但大家基本都选择后者。一开始我挺不适应的，怕冒犯了别人，会下意识地找个没有异性的地方去换衣服，也习惯性地怕别人觉得你有什么不对。其实这个天体海滩的规则是一视同仁的，在这个规则之下，你不会因为你的“坦诚相见”冒犯别人，别人也不会对你品头论足。你需要遮掩自己的理由一个个都不存

在了，仿佛看到自己惯性的反应和观点突兀地站在你面前，让你慌得不知所措。

当我发现这没什么“不正常”的时候，也就很快适应了。同时也意识到，这是一个将自己打开的过程，这个环境为你提供了一个体验安全打开自己身体和感受的机会。而这个从不适应到适应的过程，也给自己提供了一个内在觉察的机会，让自己看到自己的思维惯性，看到自己的掩饰和防卫，看到自己对于被肯定——被他人与被自己肯定——的需要，也看到所有这些是如何被解除的，并享受解除之后的自由感受。

回到现实，我们是很难这么做的。但我们也可以尝试在特定时间和环境里“精神赤裸”，打开心灵，不再为自己的想法和感受设防，不再用情绪掩盖脆弱，不再期待表现自己而赢得肯定，也不再担心自己不被接纳、不被认可、不被爱。

这样的“精神天体温泉”，你能找到吗？

赤子之心

在你的内心深处，你所认为满意或不太满意的、好的或不太好的部分，究竟对自己意味着什么，可能每个人都有自己不同的探索和觉察。

每个人都希望在群体中或某个对象心中，塑造自己的重要性和独特性，同时又希望自己可以再也不因别人的看法而担忧。这个矛盾让我们意识到，我们不可能永远生活在外来的赞许中，但又无法突破被外在认可的需求。

只有不再需要外来的认可和赞许时，我们才可能变得自由。要做到这一点，你得先对自己的存在抱有认可和赞许。

最大的限制，来自自己对自己的限制。如果你对自己不带任何看法，百分之百接纳你自己，你也会更容易接纳他人，更容易注意到他人对你的接纳。你就在这个过程中，印证了自己无限的可能性。

一般来说，这需要三个步骤：首先是觉察到自己的感受和想法，觉察到自己那些坚固的限制性信念，比如“我是不安全的”“我是不够好的”；其次不是否定它们，抗拒它们，而是接纳和接受它们的存在；最后在这个基础上，你可以释放它们，持续对干扰能量进行清理和转化。

如果再深入一步体验，你天然是完美的造物，你的存在本身就来自宇宙和自然之爱，何须头脑的认可和赞许呢？

所谓赤子之心，人皆有之。赤子之心就是我们在婴儿时那颗纯真而充满接纳的心，没有评判，没有限制。老子说“为天下溪，常德不离，复归于婴儿”，那颗赤子之心，饱含着我们用头脑难以理解的智慧和力量。

在七脉轮[①]体系中，心轮的梵文名字是 Anahata，这个词最原本的意思是两个东西相碰撞却没有发出声音，这意味着任何冲突在心轮的能量中消于无形，意味着你在与外在的碰撞中不受伤害。

在一个社会化的环境中，找到一个“精神赤裸”的环境不太容易，更不用说时时处于这样的状态。但随着你不断地打开

①印度的瑜伽哲学认为，人体中气脉交汇处产生的能量旋涡称为脉轮。从脊柱到头顶，有七大脉轮沿身体中轴排列：第一脉轮海底轮，位于脊柱底部附近；第二脉轮本我轮 / 生殖轮，位于下腹部中央；第三脉轮太阳轮，位于胃部、太阳神经丛附近；第四脉轮心轮，位于胸腔中心，心脏附近；第五脉轮喉轮，位于喉咙附近，颈部中央；第六脉轮眉心轮，位于头部中央，松果体附近；第七脉轮顶轮，位于头顶处。印度传统医学认为脉轮主导身心运作，与身体器官功能、情感和精神的能量流动有关。脉轮开放而平衡是理想状态，意味着人体能量的通道畅通，身心平衡健康，可以运作从物质到精神的一切能量流动；而脉轮堵塞或过度活跃会影响相关功能的正常运作。七脉轮中第一到第三脉轮称为下三脉轮，与物质生活相关；第五脉轮到第七脉轮称为上三脉轮，与精神世界相关；第四脉轮心轮为上三脉轮与下三脉轮交汇的中心。——作者注

自己的心灵，你会发现自己越发柔软如溪流、包容如大海，你会越来越有能力不带评判地与这个世界赤诚相对。于是，你会发现，你身边的“精神天体温泉”越来越多。同时，也请珍惜你找到的每一处“精神天体温泉”，当感受过打开心灵的自由，你就会更清晰、更深刻地感受当下，放手，自信地享受未来生命的旅程。

今日练习

想一想，有没有一个人，可以让你们之间敞开心扉，“精神赤裸”地相互沟通？

如果有，恭喜你，你可以珍惜那些相互“精神赤裸”的时刻，不过也不用期待你们永远保持这样的状态，珍惜每一刻就好。

平常，你也可以在没有人的时候，在一个安全的环境中做下面的练习：

找一面镜子，你可以不穿衣服，坐在镜子面前，或者站着也可以。

你可以对镜中的你打开你自己，聊一聊你的脆弱，你白天的防备、你的不堪，也聊一聊你的成长。

大多数人都有着相似的故事，接纳你自己的脆弱，接纳你自己的一切。

然后，你可以向自己表达爱，欣赏你的存在本身。

在意识和感受的深海中，治愈我的也能治愈你

你能给予自己快乐，也能使他人快乐；你能消除自己的痛苦，也能消除他人的痛苦。对他人慈悲，就是对自己慈悲。你真正的快乐无法建立在他人的痛苦之上，只能与他人的快乐同在，而你治愈了你的痛苦，你也在治愈他人的痛苦。

爱通过不同的故事与相同的感受共振

小区院子里有很多猫，经常还有出生不久的小猫。尽管它们大多靠好心邻居提供的猫粮为生，但如果猫妈妈看到有人接近小猫，就会十分警觉，迅速叼起小家伙们藏到不容易被找到的地方。有时候也会看到某个顽皮的小猫走散了，大声呼唤着妈妈，声音细细的，带着一丝丝惶恐和焦急。有时候小猫被人抱走了，看着猫妈妈，你也能感受到它的悲伤——

那种分离的悲伤。

为什么你能体会到猫妈妈分离的悲伤？因为那个悲伤你也有。有一个词叫“感同身受”，你曾感同，也曾身受。

前几天有一朋友给我留言，讲了她和亲人的分离。她说她忽然意识到，自己现在的很多情绪反应、情感模式，都源于对分离体验的恐惧。

我记得我很小的时候，有一次妈妈要做手术，但家人完全瞒着我。有一天来了一辆车，把妈妈接走了。我一下子觉得不对劲儿，也不知为什么，立刻就飞跑着去追那辆车，一边追，一边大哭。那种感受至今都很清晰，似乎来自对预感到的分离的恐惧。我想，那应该不是我第一次有那种感受，再往前发生过什么，已经不记得了，但那种古老的感受却依然在。

一代一代，故事会变，但感受却是相同的。发生在你身上的事和发生在我身上的事不同，但我们的痛却相同。

就像看电影，不同的电影上演着不同的故事——故事发生在不同年代、不同国家，故事的主人公有不同年龄、不同性格、不同肤色，但无论多么不同的电影，让你落泪的往往都来自一些相同的感受，来自你与主人公共有的感受——它让你落泪，也让所有感同身受的人落泪。

从某种意义上说，故事是为感受而服务的。就像电影里上演的故事是虚构的一样，在你我身上发生过的故事其实也是“假”的，而我们体验到的感受才是真实的。所以，留意我们的注意力，不要被故事带走我们全部的注意力，试着探索我们深埋的感受，那里藏着真实的自己。

在意识和感受的深海中，治愈我的也能治愈你

我们有着不一样的欲望，但失望却是一样的；我们有着不一样的喜好，但孤独却是一样的；我们有着不一样的伤疤，但疼痛却是一样的。这些感受古老而普遍，甚至远在我们出生之前就存在了。我们出生后又不同程度地保留着和体验着它们。我们都会经历分离，经历心碎，都隐隐觉得自己在某种程度上还不够好。

无论性别、肤色、地域，我们所有的欢乐、痛苦、喜悦、爱都是一样的，区别只在于个体的敏感程度不同。虽然外在的环境刺激和剧本的故事不同，但角色们感受到的痛苦、悲伤、快乐和你我感受到的没有什么两样。这些共同的感受，使我们每个人都深深地联结在一起。

克里希那穆提说：“你会痛苦，整个人类都会在不同的程

度上痛苦。你是孤独的，整个人类都知道这种孤独。痛苦、嫉妒、羡慕和恐惧也都被所有人熟知。因此从心理上说，内在地说，你和别人是一样的。在生理上、生物学意义上或许存在差异——高或矮，等等——但是从根本上说，你就是整个人类的代表。”

就像一片树林，没有一棵树是相同的，但是在地下深处，也许它们的根紧紧地缠绕在一起；就像海面上不断涌起的浪花，没有一朵浪花是相同的，但是在深深的海洋中心，它们却是同一片宁静的存在。

我们与他人之间，有着一个深深的、共同的联结。在这个联结中，慈悲就发生了。你能给予自己快乐，也能使他人快乐；你能消除自己的痛苦，也能消除他人的痛苦。对他人慈悲，就是对自己慈悲。你真正的快乐无法建立在他人的痛苦之上，只能与他人的快乐同在，而你治愈了你的痛苦，你也在治愈他人的痛苦。反之也是一样。

今日练习

找一个不被打扰的地方，静坐，闭上眼睛。

深深地吸一口气，再用嘴巴缓缓地呼出。感受气息穿过嘴唇的感觉。

再做两次这样的深呼吸。

然后，回到自然的呼吸，感觉自己此刻正稳稳地坐着。感觉自己仍在呼吸着，自然地呼吸着。

现在，我请你想象，此刻你就是大海上的一朵浪花，你从海面跃起，就像你的出生。

想象此刻，你在空中飞，就像一个慢镜头，停留在空中，缓慢地滑行出一道弧线。

你想着，你即将随着自己的跌落而消亡。你作为一朵浪花的一生是短暂的，而你将跃入的大海是永恒的。

但是你仍然害怕。随着你缓缓地下坠，你感到越来越恐惧。也许你想抓住这个有限的过程，抓住你的身份、经历和记忆；也许你会担心未来，你作为浪花这个自我的消失。

有起有落，有生有灭。你会随着波浪起伏，这颗心会随着下落而不安。

现在，请你允许自己是永恒的存在——你即将跃入永恒的存在。

允许你自己跃入无限的、永恒的大海。感受你融入大海，溶解于大海之中。

你并不仅是一朵浪花，你就是永恒的大海。

你从未有生，从未有灭。

感受你自己回到你真实的存在。

你体验到你真正的存在。你不仅是跃起的浪花，你一直是永恒的海洋，你一直都是，你一直都在。

每一次跃起和落下，都不再让你畏惧。

那个有限的你，并不是真正的你。

让自己充分沉浸在这种感受中，和这种感受静静地待在一起。

当你觉得可以结束时做一个深呼吸，慢慢地让这种感受留在你的记忆里。然后轻轻睁开眼睛，结束这个练习。

那些你无法逃避的痛苦，将打开你更多的可能性

世界上有很多修炼自己的途径。如果我们只是为了解决具体问题，我们会浅尝辄止；如果我们希望通过这些途径去真正抵达“我是谁”这样的命题，我们会继续向前。

爱超越有限的视角

有一个问题是：一滴水怎么样才能永存？

有一个答案是：把它放进大海里。

设想一下，在初生的婴儿慢慢长大成人的过程中，作为个体，我们是如何认识到什么是“我”的？显然是从认同我们的身体开始，进而觉得：我们是自己的思想、情绪，是我们的经历，也是我们在各种关系中的身份和定位。

在这个认识的过程中，我们体会到自己是有限的，在时间上有限，在空间上有限，即使幻想，在想象力上也有限。

古人说，“天人合一”，大意就是你不是一个人在战斗，你身体系统的运行和宇宙天体的运行，逻辑上都差不多，人的意识也可以是天的意识。占星学也认为，你拥有的天赋和挑战，和天上的星星也息息相关，你的状态变化会随着天地星辰的变化而变化。

物理学家劳伦斯·克劳斯在《一颗原子的时空之旅》里说：“你身体里的每一个原子都来自一颗爆炸了的恒星，形成你左手的原子可能和形成你右手的来自不同的恒星。这是我所知关于物理的最有诗意的事情：我们都是星辰。”

无论我们怎么感到自己与宇宙是有联系的，现实中的边界感都是那么真切。因为我们所思所想的出发点，的确就是来自那个“自我”，它不来自左手的原子，也不来自某个“天人合一”的全观视角。

如果我们可以再次认识自己，那么这个“我”又是谁？是那个原子，还是那个宇宙？想起来就头疼。这个问题，用这个头疼的“头”想，确实难为它了，毕竟头脑也是限制下的产物。当我们对自己的认识受限于以往所认知的“自我”，我们可以想到的、做到的也是有限的，除非我们亲自体验到了那个无限。

这个体验往往来自我们深入爱与慈悲。

痛苦是一条打破边界的道路

克里希那穆提说：“对自我的认识，无法通过任何人、任何书籍，任何忏悔、任何心理学或精神分析师来获得，必须由你自己来弄清楚，因为那是你的人生。不去拓宽并加深对自我的认识，不管做什么，不管改变任何外在或内在的环境、影响，它将永远滋生绝望、痛苦和悲伤。”

我们很多的痛苦来自没有拓宽并加深的自我认识，而这个有限的自我认识，则源于“分离”——我们从无限的、一体的爱中，来到一个二元对立的世界，我们从源头分离。之后我们通过身体认知，感知到自己是单独的物质存在体，逐渐形成了自我认知及其边界，并且执着于这一认知。对这个“自我”认知的执着，也为我们带来了无数的痛苦。

我们认为自己是和其他个体分离的，但是，我们彼此会不会只是像一滴水和另一滴水？我们的回家之路会不会是从分离走向合一， 就像水滴纷纷汇入海洋？

在你有意识地走向回归之前，首先要认识到，如果我们只认同自己是一个分离的个体，那这种分离性是痛苦的重要来源。但是，在你还没有痛苦到一定程度的时候，你仍会执着于“自我”，只有当这种痛苦到达了一定的程度，你才会走向回归——生命的下一个阶段。这个过程也许需要漫长的时间和经历。

情感、事业、健康、生存……我们在不同的层面积累着痛苦的体验。

通常，当我们感到痛苦时，会先选择回避、忽略或无视这些痛苦，把注意力转向外在的刺激；或者我们试图争取外在的一些条件，认为获得了某种成绩、某种欲望的满足、某种别人眼中的幸福，我们就能避免痛苦。但只要你还认同自己是一个分离的个体，无论获得怎样的外在条件，对于这种因执着于分离性身份而产生的痛苦，都避免不了。不一定每个人都会同意这个观点，这是必然和正常的，并无对错。每个人处在各自生命的不同阶段，体验他此刻需要体验的过程。

痛苦来了，我们一般会先条件反射般地说“我不疼”“我没事”，我们也会和自己说“我没问题（不是我的错）”；如果痛感再强一些的话，我们会去找各种“止疼药”，但我们往往并不想为自己的痛苦出价太多——潜意识中我们并不认为解

决自己的痛苦是有价值的（我不值得），我们想赶紧摆脱它带来的感受。

我们不想直面这些感受，我们回避这些感受，不愿意为此付出代价，往往意味着我们会在未来付出更大的代价，比如付出更多的金钱，承受重要情感的终结，丢失健康甚至生命。

这些更大的代价总是印证着“自我”的一些核心信念：我是不配得的，我是有尽头的，我是不完整的，等等。而这些“自我”核心信念的来源，大部分与最初的“分离”体验有关——从完整和无限中分离。

一旦我们认同这些“自我”的信念，我们就一直在这里循环，直到我们跳出这些认同，也就跳出了这个循环。

体验到这些不同阶段几乎是必然的，并没有什么好坏高低之分。只要我们还是人类，就都是走在这条路上的兄弟姐妹，对于那些“大师”也是如此。我们都是一滴滴水，或者我们都是同一滴水，无论是在经历小溪、经历河流，还是在经历云和雨，每个人都会依据自己的生命经历，来确认和印证自己所认为的真相。

对于很多朋友来说，这是非常抽象的。对一些很难接受这些的朋友来说，通过这一刻的感受，也可以察觉一下自己内在的抗拒，并且试着接受这个内在的抗拒感——它正是来自分离。不过，无论如何，只要你还有耐心看到这里，你都会逐渐来到下一阶段，或者你已经在下一阶段了。

爱是你认出自己的无限

回归，并非你要加入一个更大的“团体”，而是你认出了自己——你就是那个更大的“团体”，你认出了自己就是那个宇宙的本源，你认出了自己的无限。

很多人通过各种途径来修炼自己，希望“天人合一”不只是一个头脑里的理论和概念，而是一个体验，只有完整的体验才能超越头脑的经验。也的确有一些人真正体验到了永恒和无限，也做到了忘我和无我。

世界上有很多修炼自己的途径。如果我们只是为了解决具体问题，我们会浅尝辄止；如果我们希望通过这些途径去真正抵达“我是谁”这样的命题，我们会继续向前。

冥想是一种很有效的练习，可以扩展觉知。在深入的冥想练习中，人们可以体验到时空的无限，体验到你的觉知比你的身体更大，比你的生命更长。只有通过体验，那些经典里提及的理论和概念，对你来说才是“真的”。这种转换，如果只在头脑里是很难做到的，只有经由体验和感受才能证得。

任何真正有效的方法都不能脱离爱，爱是目的，也是道途。如果你在一些方法中，失去了爱的道路，你得到的也仅仅是一些肤浅的技术；而如果你以爱去实践各种方法，最终你也会抵达爱的终极真理。

你是一滴水，决定把自己放进大海，而到达大海的路，也并非只有一条。局限往往来自你认同你只是一滴水。如果你转换你自己——你就是大海本身，你即刻就可以到达。

就像鲁米的诗：

你并不是大海里的一滴水，

你是一滴水中的整个大海。

今日练习

找一个不被打扰的地方坐着，不一定在房间里，在车上、飞机上都可以做这个练习。

关注自己的呼吸，闭上眼睛，让自己进入安静的状态。

让你的觉知专注在你的呼吸上。

想象你的觉知开始变得越来越大，超过你的身体，越来越大。

你的觉知充满你在的房间或者你乘坐的车、飞机的机舱，然后变得更大。你所在的空间，在你的觉知之内。

慢慢地，你会发现这个地球在你之内。

你看着这个地球上的一切发生，面带微笑。

当你觉得可以的时候，慢慢地回来，回到你的身体、你的呼吸。

慢慢结束这个冥想。

想要过好这一生的人，从不和自己的过去“纠缠”

外面发生的事，都已经过去了，此刻那个人、那件事不存在于外部世界，而是存在于你的内在。你不原谅过去的那个人、那件事，往往来自你不原谅自己。这是你内在的战争。

爱是对自己的过去放手

你是否时常想起往事？

生活的洪流奔流涌向前，不舍昼夜。生命在时间的刻度下，显得如此短暂易逝。未来越来越短，回忆越来越长。

我们都试图抓住一些过去，好让我们觉得此生曾经活过。然而，在辗转无眠的深夜，你反复忆起的是什么呢？

先讲一个小故事：

一个年轻女孩在印度坐火车，她对面坐着一个面孔严肃的人。火车开了一会儿，年轻女孩看到面孔严肃的人打开他的箱子，从里面拿出一张餐布。他把餐布铺在面前的小桌上，然后又拿出一个精美的蓝色餐碗放在餐布上。接着，面孔严肃的人从箱子里拿出了一些水果和一把小刀。他先把苹果切成小块放在碗里，然后淋了一些调料在上面。搅拌了一下之后，他打开车窗，把这一碗苹果倒出窗外。然后，他又剥开一根香蕉，切成块，淋上调料，再次打开车窗，把这一碗香蕉倒出了车窗。在这之后，他又打开一盒水果罐头，把黄桃和菠萝倒进碗里，还放了一些奶油。精心拌好后，再次把它们倒出车窗。最后他收拾好碗和餐布，放回了箱子。

年轻女孩实在忍不住了，她问这个面孔严肃的人："不好意思，请问您在做什么？"

面孔严肃的人面无表情地说："我在做水果沙拉。"

"可是、可是，您把它们都倒掉了啊！"

"是的，没错，"面孔严肃的人说，"我恨水果沙拉。"

这个故事有些荒诞，荒诞得就像我们的生活——我们精心收藏着我们的怨恨、愤怒、后悔、羞愧，我们那么不喜欢它们，却让自己一直沉湎于其中，舍不得丢掉。在不眠之夜，我们反复揭开自己略微愈合的伤口，似乎舍不得让它痊愈。

在我们的记忆中反复回放的往事，大多充满遗憾和叹息，虽然偶尔点缀着一些美好和惊喜，但很快也会被逝去的遗憾所代替——或者说，我们用我们的反复回放，终于把当时的惊喜变成了今日对于过去无法重现的叹息。

你会这样吗？

保留痛苦不是偶然发生的，它是你的决定

故事只是一个载体，装着我们从小到大未被有效处理的情绪。

深夜一首歌让你动容，唱的什么并不重要，重要的是，你此刻又重温了过去的感受。我们一直抓住这些感受不放，不断地回味，反复地熟悉。于是，这熟悉的味道带给我们一丝安全感，而所谓自由和新生活，则是一片陌生的天空。

我们习惯了这种“紧紧抓住过去”的内在紧张感，抓着抓着，就分不清哪些是我们抓住的东西，哪些是我们自己，似乎它们和我们就是一体的。一旦我们认为那些“过去”是我们“自己”，

我们自然就对放手感到恐惧——我们害怕失去了“自己”。

有时候我们抱怨，新的伴侣、新的感情、新的机会、新的生活怎么还不快来？时日越久，越难坦然。我们坚持不在生日蛋糕上多插一根蜡烛，无法安然接受岁月馈赠的礼物，因为我们紧紧抓住了旧的，就很难满怀希望地拥抱新的。

一个小婴儿刚刚睁开眼睛，他开始迎接无尽的可能性。你看着他也满怀欣喜，因为你也看到了那无尽的可能。然而，随着他越来越大，他抓住的就越来越多，他会感到他的可能性每一天都在减少，剩下的只有一边悔恨过去，一边焦虑未来。

我们就像时间旅途中的行路人，背着一个包袱，一路上，包袱越来越重，步履也越来越重，却舍不得把包袱放下。你觉

得这个包袱背了这么久了，它就是你。

但它的确不是你。

我们总会走到一个节点——再也背不动了，或者我们忽然觉悟，从旅程中醒来。这时，我们要做一个决定——有时候这是个艰难的决定，决定我们是否要开启一个全新的未来。

有些朋友还背得动这个包袱，或者他还留恋自己这个“背包客”的形象，那也蛮好。不必抗拒此刻你正在经历的，生命自然会安排你来到某个节点，帮助你做出走向下一阶段的决定。

还有一些朋友觉得，我好想放下，但放不下呀。是的，放下不易，而这个“放不下”，也是一件要被自己接纳和原谅的事。

那些非常深层次的接纳、原谅和宽恕，都是自己对自己的。

痛苦源于限制了真正的自己

我们回味过去的人和事，感到怨恨、委屈、遗憾、内疚、惋惜，感到自己被不公平地对待，或者我们感到自责、羞愧，觉得自己实在是太差劲儿了。我们陷入低频情绪中，同时这些针对过去的情绪，也引发了对未来这些情景再现的焦虑。

我们通过回味这些故事，唤醒那些令自己咬牙切齿的情绪和批判，最终重温和印证的，往往只是自己“不够好”的信念。

外面发生的事，都已经过去了，此刻那个人、那件事不存在于外部世界，而是存在于你的内在。你不原谅过去的那个人、那件事，往往来自你不原谅自己。这是你内在的战争。

你给自己套上负重，甚至套上枷锁，反复翻出伤痛来提醒自己：你是不够好、不配得的，你是不被欣赏、不被爱的，你是不完整的、被束缚的。

这些“自我”的核心限制性信念，不断在生活中寻求证明，证明它们是“对”的；而你的意识可不想证明它们是对的，你想证明你是被爱的、够好的。这种意识和潜意识的对抗，让我们在白天和黑夜就像两个人。但这么多年来，意识很难胜出。

小时候学“刻舟求剑”的故事时，觉得怎么会有这么糊涂的人。现在，环顾四周，再照照镜子，我们谁不是那个刻舟求剑的人呢？过去的事早已过去，船已漂远，波涛流逝，可你却在心上刻上记号，还以为可以留在原地，打捞自己失去的东西。

放下，是我们非常重要的一门功课。如果一直停在过去，我们的未来就无法开启。我们每个人都有一颗无限的心，正等待我们放下这些阻碍，展露它的自由。

原谅自己，是以自己原本的样子接受你自己

在我们以往的理念里，有时会提倡“不忘过去”。当你决定放下，有时候就会在意别人的看法，于是你也许会延缓放下的决定。但这同样，你又背负了另一件东西——别人怎么看你——那是他的包袱，你不需要背上。

不需要因为别人的看法而惩罚自己，原谅那个以他自己眼光看你的人，也原谅你自己。

你可以觉察一下，你所背负的东西以及你所背负的方式，哪些是对自己有爱的？你是否以这样的方式爱了你自己？这也是一个爱自己的话题。当你选择真正爱自己的时候，你往往会转念，决定跳出束缚你的过去。

原谅一个人，意味着你以一个人、一件事原本的样子接受他。原谅自己，意味着你以你原本的样子接受自己，接受一切的发生。

你是否能接受自己本来的样子，意味着你是否能真正地爱自己。爱自己包含四个百分之百：百分之百接纳自己，百分之百认可自己，百分之百对自己负责，百分之百以爱而行。当然更重要的是，你能做出一个“爱自己”的决定。

过去的那些人、那些事都属于过去，重要的是此刻、是当下。对于过去所有的发生，人们需要百分之百放过自己，百分之百接纳和原谅自己。

这无关过去事情的对错，无关道德或者法律层面的对错，那都是我们需要面对的责任；但这并不意味着一个人在承担后果的同时，还要长期背负着罪疚感。要向前走，就需要扛起责任，放下负面的情绪和批判。

也就是说，一个人可以为自己过去的事负责和承担，但他有两种不同的状态可以选择：可以满怀羞愧、自责地去负责，也可以内心平静有力地去负责。对于后一种，就意味着内在的接纳在发生，坦然、积极，而不逃避、不抗拒，他在情绪的层面百分之百接纳和原谅所有的过去。

所以，此刻，这个当下，无论你做什么，内在的和平是最重要的。它并不是对过去的回避和抗拒，而是对过去完全地接纳；它并不是对自己的抗拒，而是对自己的接纳。

在回味往事的时候，正是因为不接受、不接纳，人们才会对自己攥紧拳头，看似是想回击一下这个世界，实则恨不得给自己两下，进而你觉得那个“不够好”就等同于你。你抓住这个“你”，生怕失去这个“你”，生怕“你”就如时间一样消失了、逝去了。于是，你就被困在这个“你”中，无法呼吸新的空气，无法自由。

当对自己百分之百地接纳和原谅，你也会对过去的那些人和事接纳和原谅。你和这个世界和解了，解放了自己的同时，也解放了他人。你看他人、看世界的角度也会有所变化——他人的每一刻、世界的每一刻也是全新的。

你值得拥有一个不被过去束缚的未来。此刻，你的内在是和平的，你会发现，你远远比那个你试图攥紧的“你”更加自由。

今日练习

静静坐着，自然呼吸。

感受那个陷在过去情绪中的自己，仿佛困在你的身体里。

慢慢地，感觉你的意识从你的身体中抽离，你正看着那个陷在过去情绪中的自己。

你可以给他安慰，告诉他，这不是你的全部，你是一个完整而美好的自己。

然后慢慢地回到呼吸，回到当下的感受，结束练习。

长大了的我们“成熟”了吗？

如果我们想进一步踏上情绪成熟之路，首先要认识到，为我们自己情绪成熟负责的，不是父母，也不是伴侣，而是我们自己。情绪成熟百分之百是我们自己的责任。

我们成熟了吗？

我们长大了，但我们成熟了吗？

据说，动物的生长速度和它在食物链的位置有关。东非草原上高大的长颈鹿，生下来后 30 分钟就得自己站立；小角马早上出生后 5 分钟就得独立行走，这一天夜幕降临之前，它就必须自己跑起来；而一只小猫，生下来要一周后才能睁开眼睛。

也有人说，生长速度和大脑的复杂程度有关，灵长类动物普遍慢一些。比如从出生到成年，恒河猴需要 7 年，而大猩猩需要 10 年。人类，就更复杂了，从出生到度过青春期，需要 20 年左右；而从人类的社会属性看，一个人要在社会上完全独立，一般还需要更长的时间。

麦子发芽，生长，成熟——麦子成熟了就是成熟了，但人复杂得多。一个人如果身体成熟了，有工作、有家庭，经济上独立了，社会上有地位，三观也在线，那么，可以说他是真正成熟了吗？也不一定。人类比自然界其他动物有着更丰富的能量频率——生存无忧、思维缜密、精神强大。人的发展需要在各个频率上都获得独立、成长和成熟。如果你相信轮回，那甚至可以说，你已经经历了很多次成长了，但一直都没“成熟”。

此时此刻，也许你二十、三十、四十或者五十岁，有时候我们想想自己，似乎都不敢说自己真正“成熟”了。我们内心隐约觉得，前方还有很长的路要走。

对于我们来说，关于“成熟”这个概念有着不同的角度或层次。在生理上，我们划分少年、青年、中年和老年等；在心理上，我们会觉得一个人心理抗压能力强，情商高，懂得取舍进退，就很成熟了；有时候我们看到一个孩子特别懂事、表现稳重，就说这孩子挺“成熟”的。但如果我们想要持久地感受幸福，还需要经历进一步的成熟。我们在进一步成熟的过程中，会体验更多的智慧。

情绪成熟让你享受内在的和平

有时候，长大的我们回到父母身边，无论什么年龄，无论有多大成就，有时还会禁不住撒撒娇，在父母的反馈中，回味一下曾经得到的宠爱和安全感。有的朋友还会试着求认可，还会试探一下爸妈的底线，明着暗着抱怨一下小时候受到的委屈，就像小孩子一样。

观察一下，这些小孩子般的互动方式，也会延伸到其他关系中。比如在亲密关系、个人和组织的关系中，人们也会求认可、求安全感，只是也许没有那么明显而已。

我们成年后，在与父母相处的过程中，仍会感到明显的情绪反应。有时候禁不住和父母争吵，有时候还会冷战、冷场。你也许会观察到，在争吵或冷战中，父母和我们同时都陷入某些难以自拔的情绪之中——双方都像回到了各自的小时候，变成曾经受伤的孩子，宣泄着情绪，努力掩饰着自己的脆弱。

无论是对抗、指责、愤怒，还是试图操纵和控制，都可以理解为对自己脆弱、恐惧的掩饰和防御。我们的父母也会沉浸在“孩子”时的情绪状态里，回到他们的“自己不够好”的感受中。陷入情绪中的人们，往往重返自己“孩子”时的情绪状态。旁人会说，你看，他就像个小孩儿。

你此刻的愤怒和委屈，也许和你五岁时的愤怒和委屈是一样的。如果儿时经历的情绪没有被完全释放，那么当你陷入某种情绪时，就会回到你儿时最初陷入这种情绪的状态中。尽管年龄越来越大，但并一定我们都会趋于平衡和平和。我们依然易怒，依然焦虑、委屈和悲观。情绪来袭时，我们的注意力依然无法转移，有时陷入“你从来都如此”的指责和批判，有时陷入“我从来都如此”的委屈和伤感。

有时候，我们终其一生都无法原谅自己。在日落、在道别、在病榻，在每一个意味着结束的时刻，留下反反复复的遗憾。对于大多数人来说，我们从父母身边离开后，在释放情绪的能力上一直没什么长进，所以往往在情绪处理上，我们还是个孩子。

在一些心灵成长的著作里，会提到一个概念：情绪成熟。情绪成熟，意味着某种程度的身心成熟，是一种帮助我们获取持久幸福的能力。情绪不成熟，则意味着我们会反复被童年遗留的情绪能量折磨。

情绪表现，作为内在反应模式的一种外在表现，其背后则是深藏的信念系统。很多人从小到大，都在用他们的受苦与挣扎，试图向“父母”（已内化在心中的父母）证明，自己是“够好”的、自己是“值得被爱”的。

好消息是，当你觉察到自己在不断重复着某些情绪模式时，你已经走上了情绪成熟的道路。

如果我们想进一步踏上情绪成熟之路，首先要认识到，为

我们自己情绪成熟负责的，不是父母，也不是伴侣，而是我们自己。情绪成熟百分之百是我们自己的责任。

如果我们想持续感受幸福，接下来还需要学习正确的情绪释放方法。以往我们应对情绪的模式——压抑、逃避、宣泄——都不能帮我们有效地释放情绪能量，只不过是转移了注意力而已。当外界相应的刺激出现时，遗留的情绪能量就会再次被调动出来干扰你。而只有通过觉察、接纳和释放，才会走上真正的转化之路。

跨过了情绪成熟这道大门，我们还有什么“不成熟”的吗？有呀。

智慧存在于心灵的成熟中

人们往往会忽略一个人在心灵成长角度的成熟度。这个角度，在我们经历过一些人生阶段之后，显得尤为重要。

我的观察是，从心灵成长的角度来看，一个人的成熟度通常有三个标志，它们往往一同到来。

第一，他是否可以真正认识死亡。一个人对死亡不同程度的认识，也意味着他对生命的认识，对生活的认识。

第二，他是否可以看到自己的爱，以及在生活中影响自己抵达爱的障碍。如果一个人可以逐步觉察自己存在的多种干扰和限制，觉察自己的脆弱、匮乏和恐惧，正确地接纳和转化，而不批判、抗拒和回避，那么，这意味着他在不同程度上信任自己爱的本质。

第三，他是否可以敞开自己，不失赤子之心。纯真并非幼稚，当然更不是老于世故。纯真建立在对大道至简的信任上。每个人都不是生活在真空中。在这个物质化的维度，一个人如果不逃避他所处的时空环境，积极应对世俗生活中的一切，承担他应该承担的责任，同时还能拥有一颗返璞归真的心，可以敞开自己，拥抱纯真，看什么都是全新而美妙的，那么这意味着他清晰自己超越时空的本质，也能感受到万物运行的智慧。

这是我所理解的心灵的成熟。并不一定每个人都愿意追求这样的成熟，因为每个人都会走在自己的成长阶段。比拔苗助长更成熟的，是允许自己，也允许他人走在各自的路上。

对于在时空中旅行的灵魂来说，所谓的成长和成熟，也意味着在穿越这一维度的旅行中，他们能不断达成自己的使命。在达成的过程中，每一阶段都是完美的。

当然我也相信，你也正处于一个相对成熟的阶段，不然也不会对这一类文章、内容感兴趣。在每个阶段人们都会选取有针对性的议题，帮助自己突破。

今日练习

请准备一个冰块，冰箱里常用的食用冰块就好，再准备一张纸巾或干毛巾。

请把冰块放在手里，直至它完全融化。手下垫上纸巾或毛巾，以免冰块融化时弄湿桌面或地板。

感受一下，冰块在手里融化的感觉。尽管开始时会有些不舒服，但请放心你不会受伤，你会很安全。

感受一下手感到的温度和触觉，感受冰块融化时水流下的感觉。就只是感觉，和这些感受在一起。

如果实在感到不舒服，就把冰块暂时拿下，等一会儿再试一试。

如果你有任何想法、情绪，就只需看到它们，意识到你的评价、你的担忧、你的任何思绪。它们是中性的，不好也不坏。你只是静静地看到它们就好。

就只是观察。留意随着时间的推移，你手的感受有什么不同？你的想法、情绪会有什么不同？不做评价，只是观察到就好。

当冰块几乎完全融化，你就可以结束这个练习了。

你可以记下在这个过程中你的感受和想法。

你无法经由不快乐的过程，获得一个快乐的人生

无论我们取得什么样的成就，我们都不会因此持续获得这些美好的感受。除非我们内在发生改变——不是“等……了”再改变，而是立即改变。你只要把“以成功为目标”转化为“以喜悦为目标”，你对“成功”标准的依赖就会大大减少，你的生命品质也会因此大大提高。

“等我……了，我就……”

有的朋友觉得，改变是必须的，但不是今天。改变要等到自己达到了一些标准、实现了一些目标再说，似乎那时才有改变的资本，或者才有改变的资格。

“等我……了，我就……”，前半句中的省略号，表示达到某种“成功”标准。这种标准可能是一些外在条件，比如财

富、资历、成就等；也可能是一些感到“可以交代”的人生标志，比如等有男朋友了、等我结婚了、等孩子大了、等退休了。只是在说这句话时，内心会黯然划过一丝难以觉察的惆怅，似乎在说：现在我没有资本、我没有资格、我还不够好、我还不值得……尽管这些自我评价不一定能被自己意识到。

当我们跋涉在奔向各种“成功”标准的路上时，我们往往并不清楚为何启程。

人们说，我想给自己和家人更好的生活，我想要跻身优秀人群之列，我想服务社会、造福世界，我想跟上大家的脚步不想掉队……这些原因都很重要，但往往不是最本质的原因。

尽管看上去我们做的事都是为了这些目的，但在这些目的背后，我们大多数人是被内在的匮乏所驱动，而不是真正基于使命和热爱。

——我们可能觉得自己此刻还“不够好”，如果达到“成功”的标准，我们才是“够好的”；

——我们可能觉得自己没有存在感，如果达到“成功”标准，我们才“存在”，才能让别人记住我们；

——我们可能觉得缺乏爱，如果达到“成功”标准，我们才会被认可、被接纳、被爱；

——我们埋藏着深深的脆弱和心碎的体验，只有达到“成功”的标准，才可以不让自己直面这些脆弱和心碎；

——我们想要幸福、快乐和完整，但我们觉得只有达到“成功”的标准，才能证明自己“配得上”幸福和快乐，才能变得完整。

……

我们大部分人渴望“成功”，是因为我们想通过“成功”为自己带来安全感、价值感、掌控感，使自己被认可、被爱，让自己感到完整、感到不匮乏。只有极少数人才会把“成功”当作标尺，丈量自己基于爱和本自具足的行动。

爱会显现出持久的快乐

在过往的经验中，我们有一种错觉，认为达到了某些“成功”的标准，就可以获得幸福、喜悦、平静、圆满等美好的感受。比如，你考了一百分，妈妈说“这次你还不错”，你觉得你被认可了、被爱了，于是你就追求下一次再考一百分。可是，下次考了一百分后，妈妈很平淡地说：“哦，这门又是一百分，和上次一样。另外一门怎么没有一百分呢？”你感到不被认可了，一定是自己还不够好。这一次你考了全班第一，妈妈赞赏了你："真棒，这才是我的孩子该有的样子，要考不好别回家了。"你觉得这一次你在妈妈这里"生存"了下来。下次你又考了全班第一，妈妈皱了皱眉："哦，还是在你们班第一，和上次一样。你们学校里还有多少人比你更好的？"你有点慌，觉得"生存"受到了威胁，你得继续证明"我值得成为你的孩子"。

人生的路上，你坚持不懈地奋斗，只是想有一天，你可以对内在的父母说："爸爸妈妈，你们看，我其实还不错，我不是你们说的那么糟糕，请让我是你们的孩子，请你们承认我是你们的好孩子。"但无论怎么证明，你从一个"结果"中所获得的被认可、被爱的感受，你获得的"快"乐，从来都只是一瞬间，从来都不是持久的。

我这么说并不是归责于我们的父母、我们过去的经历，他们只是冥冥中帮我们铺就了一条通往体验、解脱和自由的道路。只有通过这些体验，我们才能领悟到：如果我们希望通过达到"成功"的标准，来获得持久的幸福、喜悦、平静和圆满，最终我们一定会失望。

无论我们取得什么样的成就，我们都不会因此持续获得这些美好的感受。除非我们内在发生改变——不是"等……了"再改变，而是立即改变。你只要把"以成功为目标"转化为"以喜悦为目标”，你对“成功”标准的依赖就会大大减少，你的生命品质也会因此大大提高。

把每一刻的“目标”指向喜悦，将颠覆你的生活

时间流淌，这场关于“成功”的游戏，没有最终的赢家。在没有最终赢家的游戏背后，还藏着什么秘密吗？我们在这条路上奔波了那么久，一直觉得这是唯一的路，而如今带着全新的视角，我们又会得到什么启示呢？

想象一下，我们就像蒙着眼睛、拉着磨盘打转儿的驴子，被限制性信念束缚，拉着不知何用的磨盘。磨盘转呀转，它到底在干什么，我们并不知道。“磨盘干了什么”并不是我们真实的动力，我们只是被鞭打驱动，害怕从盲从的队列中掉队。

即使一时摘掉了眼罩，四下张望，我们也只会感到，所谓的自由更加令人恐惧——这里没有了我们习惯的疼痛，也没有疼痛久了而产生的麻木的舒适，这怎么行！还是让我们戴上眼罩，回到磨盘前吧，习惯和经验虽然让我们痛苦，但似乎也让我们感到安全。所以，请别摘掉我的眼罩，也别解开我的绳索，请继续鞭笞我，告诉我痛苦是合理且必需的；而快乐是罪恶的，没有束缚的生活更是一个悲剧。

让我们回来，做一个深呼吸，再次审视生活，审视过去、现在以及你想要的未来。

假如——我是说假如——你把人生的目标从成功转向喜悦，会发生什么呢？当你问自己这个问题时，体验你头脑里的直接反应，也体验你内心的感受、内在的情绪。

也许，你会觉得这不可能，毫无道理，甚至会感到抗拒，对自己的存在感或对未来安全感的缺失感到恐惧；也许，你会有些犹疑，会分析前因后果，但一时也没有答案，还是照旧继续，放一放再想这个事儿；也许，你会感到松了一口气，似乎内心有一朵花，正在缓缓开放，在这一刻，它散发的芳香让你沉浸其中，感到很久未有的舒心和踏实。

无论你的感受如何，你都可以意识到，当你把人生每一刻的“目标”都

指向体验喜悦，这将颠覆你的生活。

这意味着你告诉世界，我是无限的喜悦和丰盛，我拥有无限的认可和支持，我拥有无限的爱与自由，我的喜悦是无条件的，我就是喜悦本身——而这一切，是无条件的。

当你存在于喜悦与爱的感受中时，你内在的频率就调整到了爱的频率，这是一个比物质频率更高维度的频率状态。当你锚定于此刻的高频状态，信任而笃定，这时较低频率的事物以及目标，在你眼前也没那么重要了。

举个例子，这些较低频率的目标，就像蚂蚁奔忙搬运着的食物，建造着的蚁穴，以人类的视角来看这些蚂蚁达成的结果，并没什么了不起，但你会被蚂蚁的某种集体感、付出感所打动。就像一朵小花静静开放，如果你只是全然地和它在一起，你就会感到一种平静的力量，一种大自然从容不迫的振频，一种安住在自己中心的宁静。这与这朵花有多高、有多美、有多稀有并没有关系，与达成了什么结果或标准也没有关系。

这个内在转化的过程并不在未来，在每一个当下它都可以发生，不需要你达成什么条件才能开始。当你把注意力收回到你天然拥有的喜悦上，你就把你生命能量的落点聚焦在你存在本身的爱和愉悦上，你会感到“成功”的目标如一个虚化的背景，模糊而缥缈。对于你此刻的注意力来说，它是一个不在当下的假象。

在这一刻，你会自然释放掉对于成功的焦虑、对于不成功的恐惧。当你把对成功的追求替换成对智慧和喜悦的体验，你的幸福感就会极大地增强，你会越来越深地扎根在美好的感受中。而这些美好的感受，会让你在生活中绽放出更多的光。

你无法经由不快乐的旅程，抵达快乐的目的

人生如一次旅行，如果你在旅途的每时每刻都感觉不到快乐，即使走完了所有的路到达了终点，你也不能感受到这是一个快乐的旅程。你无法通过一个不快乐的旅途实现一个快乐的旅行，你无法通过不快乐而抵达快乐。你也不可能经由一系列没有喜悦的当下，完成一个喜悦的人生。

当你以喜悦的状态生活、工作，你以喜悦的状态而行动，当你的一生总是洋溢着喜悦的时候，你会吸引什么来到你的生活和生命里呢？

你可能真的会“成功”，可能会获得成就、享受富足，但无论怎样，你并不为这些“成功”的标准所累。你就像一个享受游戏的孩子，并不在意游戏的结果。

当你转化你的视角，调整你的频率，在人生的每一个喜悦时刻，你已经得到了曾经你希望通过“成功”带给你的东西。这种轻盈和放松，来自穿越痛苦后的成长带来的智慧。

在我看来，这才是真正的“人生赢家”，这才是“成功”的人生。

今日练习

在不被打扰的地方，舒服地坐下来。闭上眼睛，深呼吸。感受身心逐渐安定、放松下来，转入自然的呼吸。

请你回忆生命中一段宝贵的时光，一段你希望停留在那里的宝贵时光。

再次体会那个时光里你深深的感受，也许是喜悦，也许是宁静，也许是爱。

同时，随着你的呼吸，你感到此刻你生命的临在，此刻你周遭的温度、光线、声音，都随着生命进程在流动。

此刻你的生活与记忆中的感受同在、交融，感受它们逐渐自然地融合在一起。

让自己融入这合一的感受中。在这种感受中待一会。

像婴儿一般脆弱，也像婴儿一般坚忍

当你带着内在成长的意图去经历恐惧和黑暗，你会体验和感受到一些不同的东西。开在你心中的爱之花，一直在滋养你真正的内在力量。

你那么脆弱，又那么坚忍

也许你曾经历过这样的感受：内心纠结焦虑，但又不想流露自己的脆弱；试图掌控，却又感到无能为力。你心里闪过一丝丝愤怒，有时候是对他人的，有时候是对世界的，也有很多时候是对自己的。

可是，无论你经历过什么，无论这个世界怎么对你，无论你如何孤独和低落，当周围的一切安静下来，你还是会选择相信未来。你觉得你脆弱，但你似乎也同样坚忍。

路，很长，不知道哪里是终点，也不知道会有谁在路的尽头等你。你不知道路上有什么风景，以往太多的期待破灭了，太多的情感破碎了，以至于都不敢再想，以至于都不敢再说爱。

以前你总是纳闷：“这到底怎么了？”但现在你已不太考虑这个问题了。一开始，你和这个世界解释，好说好商量；后来，你和它对抗，搏斗、厮杀，你死我活；再后来，你越来越沉默，你的表情神秘莫测。

这一路你品尝所有的情绪，无论你觉得好的、坏的还是无所谓的。这一路你总听到有个声音在说，你会找到出口吗？你会走出来吗？你会证明你自己吗？没有答案。也许无声就是答案，像一张空白的奖状，挂在遥远的未来。

你模模糊糊地相信，当所有的声音散尽，你还是会以你的方式走到你要去的地方。隐隐约约你觉得，对你来说，体验这条路，胜过到达那个终点。隐隐约约你在黑暗中看到一些影像，虽一闪而过，却有清晰的印象。在痛苦和破碎之后，就会长出新的东西。

你那么脆弱，又那么坚忍。

脆弱的是头脑，坚忍的是心灵

脆弱和痛苦有时会把我们推向绝望，让我们看不到其他可能。我们全部的精力都在与痛苦对抗、与焦虑赛跑，每一天都过得疲惫不堪。但又是什么推动着没有让我们举手投降呢？似乎有一股坚韧不拔的劲儿在心里告诉自己：我能挺过去的。

我们无时无刻不处于焦虑中。我们和外部世界对抗，和自己头脑中其他声音相互评判。我们怕被抛弃，担心自己的脆弱被认出，害怕暴露自己爱的匮乏、安全感的匮乏。因此，我们想要掌控一切，可是一切又无法被我们掌控，即使一时得手，也会不断地与匮乏带来的欲望和期待搏斗。

我们的头脑从不在当下，既悔恨过去，又想达成未来的某个结果以证明自己的存在。纠结 、焦灼、自责、沮丧、自我攻击、想赢怕输，幻想我们生活在别处，可以不在此时此地。每一天，我们都为了摆脱痛苦而痛苦，为了抗拒现实而疲惫。但一切努力似乎并不能让情况好转，即使被恐惧驱动所构建起的防御堡垒，也随时不堪一击。

但内心那股劲儿又来自哪里呢？往往来自一种爱，也许来自我们对他人的爱、对世界的爱，也许来自我们对自己的爱。

我们之所以迷茫，是因为我们并不清晰爱会有如此大的力量，也并不清晰我们的爱一直存在，因为它完全不在头脑的推理和验证之中。我们从来不会有意识地把自己扎根在内心的爱中，让我们的力量从爱中获得资源和养分。相反，我们把力量过多消耗在头脑的思虑中。

当我们的脑和心之间失去联结，我们就过得疲惫不堪。许多聪明人因此失去了健康甚至生命。

头脑是工具，但并不是我们自己。当我们穿越了头脑中的喋喋不休，才会听到内心的声音。在这个体验中，我们经历了成长。

你会以什么意图，穿越生命的历程?

世事无常，我们无法把握，但我们可以把握的是，我们以什么样的意图穿越无常的世事。

以前上学时，大家为了应付体育考试，在操场上跑圈，痛苦不堪。但没过一二十年，这其中的一些人竟成了“跑友”，爱上了每天跑步健身的生活。同样是跑步，为什么以前觉得痛苦，现在却觉得快乐呢？因为人们怀揣的意图有所不同。相同的过程、不同的意图会带给人们不同的体验、感受和收获。

我们免不了经历痛苦，越想避免痛苦就越痛苦。但带着不同的意图经历痛苦，我们会得到不同的体验。如果我们带着成长的意图，就会找到出路，超越痛苦。

无论你是否意识得到，生命最深的意图永远是内在的成长。通过在这个二元对立世界中的历练，体验和领悟你是非二元对立的爱的本质；通过受限于时间、空间和各种束缚，体验穿越限制，证悟你是无限的存在。

你可以带着全新的意图面对纠结和恐惧，试试看，试着在貌似强大的痛苦背后，找到爱。

我们往往认同自己是那些会被遗忘的、会被打败的、会消失的、会死亡的外在表象，比如面子、成就、身份或形象。所以通常我们在经历了这些外在表象被彻底击碎的痛苦之后，才能发现自己的内在可以长出新的东西，或者说，才看到我们原来并不是这些表象。我们是更深刻而永恒的存在。我们的脆弱之下，是圆满的爱。

爱是让你意识到，你并没有什么是可以失去的。

当你带着内在成长的意图去经历恐惧和黑暗，你会体验和感受到一些不同的东西。开在你心中的爱之花，一直在滋养你真正的内在力量。

在脆弱的表象下，你如果体验到了内在的坚忍，就让自己和这个坚忍同在。重要的是这个带着爱的当下，而不是未来想要达成的结果。这个体验，决定了在这当下你是“谁”。如果坚忍是出于爱，这个当下，你就是爱。

爱如大海，即使雪崩般的脆弱，即使暴雨般的绝望，都可以被爱溶解和接纳。

用双手抱着肩膀，拥抱那些伤痛。过去的、现在的，以及无论是哪里来的，你拥抱着它们，像拥抱着一个新生的婴儿。

你像婴儿一般脆弱，你也像婴儿一般坚忍。

脆弱的是头脑，坚忍的是心灵。

今日练习

找一个安静的地方，舒服地坐着。

做几个深呼吸，闭上眼睛。

想象自己的身体就像一池水，所有的思绪就如水中的杂质一般，一点点地下沉，一点点地下沉。

感受着越来越清澈的水，感受你的心。

就静静地和这种感受在一起待上一会儿。

当你觉得可以了的时候，结束这次练习。

Part2

Part 2

…

拨开亲密关系的迷雾，**活出你在等待的爱**

不是忘记他，不是记住他，而是放下他

那些过去的经历，给了我们一个进阶的机会：让我们通过依附过去，学习如何放下过去；通过依赖一个人，学习如何放下一个人。

谁在夜里放冷枪

我很喜欢李宗盛的作品，当初听他第一张专辑时的情形还历历在目。他可以用完全直白、简练的语言，不用一个生僻词，就能写出奔忙中人们隐蔽的痛苦和希望。比如那首《给自己的歌》，他说未来“想得却不可得，你奈人生何”，他说过去“往事并不如烟”“是不能原谅，却无法阻挡”“谁在夜里放冷枪”。

是啊，我们谁不是“该舍的舍不得，只顾着跟往事瞎扯”呢？那些翻滚的往事，似乎越想把它们忘记，它们却在记忆里越发沉重。

有一个日本明治时代坦山和尚的小故事，估计很多人都听过：

坦山和尚年轻时云游四方，四处求道。一个春日早晨，他和一位道友准备过河，看到一位穿着入时的美丽少女正为如何过河而发愁。坦山和尚就说：“姑娘，我带你过去吧。”少女急着过河，迟疑了一下，就答应了。于是坦山和尚抱起少女涉水过河，到了对岸，与她挥手告别，转身和道友继续上路。

这位道友感到有些疑惑，走了一段路之后，实在憋不住了，就问坦山：“作为一个出家人，怎么可以如此亲近地接触一个少女，这不是坏了规矩吗？”坦山和尚看了看四周，茫然问道：“啊？什么少女？”道友说：“你不是刚抱着她过河嘛！”

坦山听了，哑然失笑：“原来你是说她，我过了河，就把她放下了，没想到你还一直抱着，现在还没放下。”

这个故事有很多个版本，有说师父和弟子的，有说老和尚与小和尚去送信的，都不重要。重要的是，那些早已过去的事，你放下了吗？

记住与忘记

对于让我们感受深刻的过去，通常我们的做法是，要么选择记住它，要么选择忘了它。

过去发生的很多事，尤其是一些伤痛，有的我们好像已经忘记了，似乎时间治愈了一切；但其实它们只是被自己压在了潜意识里，就像你房间里有一扇隐蔽的旋转门，你只是把它们藏在了门背后。

这扇隐蔽的旋转门关上后，展露在外的房间里看起来仿佛什么都没有，但过去体验到的情绪能量却仍然隐蔽在旋转门后面，留在你的身体里。过去你对自己、对他人、对世界的评判也还会在你头脑中反复萦绕，过去的想法和感受混合形成的限制性信念还在困扰着你的选择。这一切都还会因为生活中外在的刺激而再次被调出，形成内在和外在的冲突。

我们也时常会对自己说，曾经那些恐惧或者怨恨的，那些眷恋或者依赖的，都过去了。过去的事被称为故事，过去的人被称为故人；故事会不会重现，故人会不会再来。一切都不重要了，重要的是此刻如何生活。我们要求自己，必须忘记他们。

但是，记住与忘记，就像钟摆摇摆的两端，我们拎起钟摆想把它固定在“忘记”这一端，但一撒手，它就又摆到了“记住”那一端。而“记住”这件事，也很有趣。随着时间流逝，那些故事细节已经模糊了，我们留下的也许是一些骄傲、兴奋，也许是一些歉疚、怨恨，我们记住的是对于当时谁对谁错的评判、当时是否公平的委屈或愤怒，我们抓住的是这些情绪和信念对我们当下选择的束缚。也就是说，我们一直背负着某种情绪和感受，让我们在情绪上无法成熟，也无法迈上人生新的台阶。

我们只有“放下”——释放掉过去遗留的情绪能量，释放掉对匮乏与脆弱的回避和抗拒，释放掉想要被认可、想要证明自己的愿望——那个钟摆才会趋向于中心稳定下来。我们回归到自己的中心，回归到当下的平静。

抓住与放下

我们总是会习惯性地沉湎于过去。我们觉得，无论如何，过去是一个好像可以抓得住的东西。

有些过去的经历，我们觉得是宝藏，所以紧抓住不放；但即使是宝藏，也会困住我们。正因为我们觉得过去是宝藏，所以才会抓住它们不放。我们抓住的东西，也抓住了我们，我们因此也被限制在过去。然而如果我们放下它，那么这个经历中真正属于宝藏的部分并不会与我们分离，因为它已变成了属于我们的智慧。

生命的历程只是为了慢慢给予我们真相与智慧。这种智慧不是你拥有了什么，不是变得更加聪明，也不是得到了某种身份和资历，而是你通过穿越生命历程并放下那些虚幻的故事所得来的对真相的体悟。这些智慧并不因我们放下了过去的故事而消失，反而会因放下而变得清晰。

而我们试图抓住的，通常不是智慧，只是我们的依赖或者依恋——我们认为那些故事才是我们自己，但那并不是我们真正的自己。我们只是经由这些剧情、这些感受去体验智慧的存在，我们并不是角色本身。

如果紧紧抓住过去的故事不放，我们就只是在为自己不断编织限制，甚至制造牢笼，我们困于过去就无法走向未来。但与此同时，我们也可以从一个更宽广的视野中看到，这个过程既是一个制造新的困境的过程，同时也是一个体验和学习的过程——我们不通过抓住，就无法体验放下。那些过去的经历，给了我们一个进阶的机会：让我们通过依附过去，学习如何放下过去；通过依赖一个人，学习如何放下一个人。

如果我们能够看到这一点的话，我们对生命就会有新的领悟，体验全新的智慧，进而可以自当下开始，展开一段新的旅程，迈向更明亮的未来。

我们放下的是过去的故事，带走的是放下的智慧。

每一天，我们都是新的。祝你享受每一天。

今日练习

静坐，慢慢地闭上眼。

关注自己的呼吸，在对呼吸的关注中让自己回到当下，回到自己的中心。

觉察一下自己对过去的依恋，或者对过去的抗拒。

无论是对过去的依恋还是抗拒，自己是出于一种什么样的渴望？是想要安全稳妥，想要被认可、被爱，还是想要改变或不改变？

觉察到这一点之后，可以问自己：我是否允许自己的这种渴望呢？我是否允许自己放下这种渴望呢？我是否愿意放下这种渴望呢？我是否能放下这种渴望呢？我准备什么时候放下这种渴望呢？

你可以反复向自己提问上述问题[1]，直到内心的感受变得平静，甚至感到一片空明。

①此提问方式参考自“圣多纳释放法”。——作者注

沿着爱的火花前行，去享受亲密关系的不同风景

很多人虽然享受纯粹的爱，但陷入二元对立的状态之后，就开始有了一些不同的酸甜苦辣的体验：这时，我们的潜在模式就通过“关系”呈现了出来。

爱不需要原因

爱不需要原因，只需要沿着那神秘的爱的火花前行。

你遇见了那么多人，但恰好有一个人对你有着莫名的吸引力。那种吸引力，就如他在你面前，为你展现出一条神秘幽径。你并不确知这条幽径通向哪里，但你依然情不自禁地踏上这趟未知的旅途。

假设你的亲密关系像是一次没有目的地的神秘旅行，此刻

你在旅途的哪个位置呢？或许，你正充满了好奇，充满了欣赏；或许，你正对某些得不到回应的期待感到失望；或许，你正感到这条路崎岖漫长，艰苦难熬；或许，你像一个登山家一样，看到路途虽艰难险峻，但仍勇往直前。

你被这个旅途所吸引，随后你为这个旅途赋予你的意图，这个意图左右着你在旅途中的苦与乐。如果你的意图是基于分析和比较，那就限定了你在旅途的自由，因为爱是“不可思议”的；如果你的意图是期待这个旅途满足你的某种需求，那你就会失望；如果你的意图是想在旅途中确认自己很重要，那你就会感受到你是那么不重要。

这个旅途可否满载喜悦呢？是可以的，而且即使走到路的尽头，你也会对这段旅途充满感恩。你只需要看到爱与关系之于你的意义。

爱情的瞬间之于生命的意义

你在爱吗？如果你在这个被称为“爱”的感受中，你一定想要去付出，你一定会有一种想付出的冲动。有时候我们会说，这是一种爱的冲动，没有任何的理由和原因，似乎可以为一个人付出一切。这是一种纯粹的感受、纯粹的爱情。你也可以用这种感受来觉察自己是不是处于对一个人绝对的爱之中。

当然，我们有时候也试图通过对方的某些回馈来锚定关系，或者平衡付出的代价；但那是就关系而言的。就爱情来说，它本身就具备一种无条件付出的冲动。我们感到冥冥中好像有一股力量，推动我们必须要为这段关系做些什么，或者为这个人做些什么。爱，是付诸行动。

在绝对的爱情中，我们的确会这么做，那么它出现在你生命中的意义是什么呢？

在这个纯粹爱情的感受中，我们可以体会到“真正的爱”是什么。当我们真正爱一个人，在那一瞬间，你完全投入爱中，就像你自己已经消失了，眼前只有另一个人——也许只是你心中的爱所投射的影子。你自己消失了，你只感到爱。那种感觉是我们的一个重要体验——我们可以在这个过程中感受到置身于纯粹的爱中是一种怎样的状态。

如果在这一瞬间之外，我们开始对这个人或这个关系有了一些想法或观点，比如这个人是否符合某些标准和条件，我如何建立唯一的占有关系，等等，这时我们就暂时离开了那种纯粹的爱的感受。

观察这种纯粹的爱与思量关系之间的细微变化，可以帮助

我们认知关于“爱”这件事是如何运作的，觉察哪些是爱的部分，哪些是非爱的部分，这两者是怎么切换和迁移的。这是一个很有意思的觉察和体验过程。

如果这个人的某些条件与你想象和期待的标准不同，你会做何选择呢？这也是一个重要的体验。在这个瞬间里，你是会臣服于自己的感受，还是会倾向于分析评价、预测结果呢？对你来说，也许这种感受足够猛烈，以至于无论如何你都会无条件投身于此，你也会体验那种接近“无条件的爱”的滋味。

在这一瞬间，无论长短，爱的火花都会闪烁。通过对一个人的爱，你就对爱以及无条件的爱有了深刻的认知和感受。接下来，更重要的是，你可以尝试把这种“爱”的感受和认知扩大，不仅是爱上某个人，还可以爱上世界、爱上自己，将这种“爱”的体验和感受在生命的时空中拉长、扩大。这也是“爱情”这种纯粹的爱出现在你生命里的重要意义。

在关系中觉察与转化

经由这个纯粹的爱的起点，人们会逐渐进入相对长期的关系。很多人虽然享受纯粹的爱，但陷入二元对立的状态之后，就开始有了一些不同的酸甜苦辣的体验：这时，我们的潜在模式就通过“关系”呈现了出来。

命运在我们面前展开这条路，有着它隐蔽的意义。这条路就像一面镜子，让我们可以看到自己，让我们重新体会那些曾经被埋藏的心碎、匮乏的感受，并且疗愈它们；让我们再次遇见自己“不够好”“不值得”的信念，并且转化它们；让我们回溯曾经被遗弃、离别的分离体验，并且原谅和释放它们；让我们直面最深层的自己，尽管那么脆弱，但依然要敞开我们的心。

经由这面镜子，你会看到，能疗愈这所有伤痛的，不是来自别人而是你自己的爱，是来自你自己内心无穷的爱的力量和智慧。这正是亲密关系之旅的意图：让你一步步真正经验到，你究竟是“谁”。

当你也带着这样的意图走上这趟旅途，你会慢慢放下所有的期待、预设，所有对好坏、高低、优劣的评判和比较。你也会打开自己，带着热情和好奇心，享受旅途中每一处风景背后不期而遇的礼物。

通过爱的瞬间，你体验和认知纯粹的爱的感受；通过关系，你总是能发现和欣赏一个不曾被发现的自己。这就是让爱与关系的旅途充满喜悦的秘密。

今日练习

静坐，无论在椅子上还是垫子上都可以。

闭上眼睛。

关注自己此刻的呼吸，关注呼吸的感受，当有思绪产生，让自己的注意力回到呼吸的感受上。

慢慢地，让自己处在平静中。

回想你最初爱上一个人的时候，那一瞬间是什么感受？

只把注意力放在那个感受上，而不是放在外在的人或事上。

无论当时的那一瞬间有多短或多长，只在心里感受自己处于纯粹的爱中的感觉。

尽量停留在这种感受中。没有外在的对象，没有事件，只是处于单纯的感受中。

如果你的注意力从这种感受中移开，移到具体的故事或情绪中，也接受自己注意力的移动，只是意识到自己的注意力在移开。

然后让注意力回到呼吸上，做一个深深的呼吸，给自己一个微笑，谢谢自己给自己一个瞬间处于纯粹的爱的感受中，之后就可以结束这个简单的冥想。

我们所爱的，或许只是我们幻想中的爱情

当我们的注意力聚焦在分析原因、推测结果上时，我们就离开了当下，离开了心动的感受。离开了当下，我们处于绝对的爱中的可能性就在减弱。

在爱情故事中遇见你自己

遇到想征婚的朋友，人们总会问：你想要找个什么样的？你的条件是什么？虽然谁都知道“爱情”这件事，有缘千里、电光石火，大多时候不能靠逻辑，但没有标准，旁人也很难帮着筛选。因此也就只能这么问。不但旁人这么问，寻觅爱情的人也会这样问自己。

征婚人会暗自列出希望对方具备的条件——往往越是觉得自己条件不错，给对方列出来的条件也越多。透过这些条件，

似乎可以看到征婚人是如何一边列着清单，一边下意识地掂量着自己。

不过，对于一些朋友来说，列出来的条件不一定代表硬性指标，而是代表自己理想的爱情故事——期待在自己身上发生的爱情故事。在这个细节丰富的故事里，无论是跌宕起伏，还是岁月静好，都会以自己向往的情节，勾勒自己憧憬的结局。

我们只是想为这个故事寻找另一个男主 / 女主，或者，我们只是想通过另一个主角的配合，活成这个故事中的主人公。但生活总是让你看得到开头，却猜不到结局。通常，即使开始时条件般配、剧情吻合，可接下来容颜会衰老，才华会枯竭，能力会生锈，财富会散尽。世事变迁，总是无常。预设的故事随着现实生活的展开，总会节外生枝。当初的条件也会随着时间和环境而改变。这时候，两个人的爱还能不能像从前一样呢？

如果这个人不再在你的故事里，你还爱他吗？如果这个人不再符合你剧本角色的要求，你还爱他吗？而这些问题也适于指向自己：如果你不在你设想的故事里，你还会爱自己吗？如果你不再符合你自己预期的模样，你还会爱自己吗？

真正的爱，是你剥离了所有的故事、所有的条件，你依然爱。透过你对对方的爱，你可以看到你对自己的爱。每一段关系及其每一个阶段都像一面面镜子，无论怎样的遇见，都是遇见不同角度、不同层级的你自己。

穿越爱的剧本

我们天然的存在，是作为爱的存在。但在现实生活中，我们更多是处于因果关系、故事剧情里。那些因果关系、故事剧情组成了时间轴和空间场景，而纯粹的爱是没有时间、没有空间的，它只发生在当下。任何时候在你处于绝对的当下时，你就处于纯粹的爱中。

最早我们是如何认识和了解“爱情”的呢？通常，我们是通过小说、电影或者现实中的真实故事、具体关系来认识它，所以我们往往会把这些故事当作爱情本身。我们会给故事中的爱情下定义，对其进行判断、分析、推测，这些都是头脑认知爱情的必经之路。

当我们评判一段感情，一定会用头脑去分析。比如，我们会给这个爱的故事赋予一条时间线——这个恋爱当初如何开始，后来又如何结束，这个婚姻当初如何般配，后来又如何发生改变……

当我们的注意力聚焦在分析原因、推测结果上时，我们就

离开了当下，离开了心动的感受。离开了当下，我们处于绝对的爱中的可能性就在减弱。但是，并不是说这些故事不重要。你只有通过这样的方式，才会经验到一些深刻的感受。你以爱穿越这些故事，才会真正获得爱的感受。

每时每刻，我们都有选择——选择爱，选择头脑，或者觉知你的爱与头脑同在——这本身也是认出爱、忆起爱的过程和路径。我们创造了一条路径让我们在这个过程中认出爱。无论我们经历怎样的迷失，它都是这条路的一部分。我们所经验到的一切都是镜子，让我们不断照见内心，穿越险峻，并认出这条路径本身的意义。

因此我们看到的美妙爱情故事，都会兼具外在和内在的冲突，主人公穿越这些冲突，将“爱”由一个概念活成一种体验。这种体验帮助我们获得属于自己的智慧，看到故事背后真正的自己。

炼金家看到的故事

此刻我也想起了一个保罗·科埃略的《牧羊少年奇幻之旅》里面的故事：

> 炼金家拿起商队里某个人带来的一本书，这本书没有封面，但可以认出它的作者奥斯卡·王尔德。在翻阅这本书时，炼金家看到了一个关于水仙花的神话。
>
> 炼金家知道这个神话：一个英俊的少年，每天都到一个湖边欣赏自己的美貌，他对自己的容颜如此痴迷，以致有天突然掉进湖中溺水而亡；在他落水的地方长出了一株鲜花，人们把它称为水仙花。
>
> 然而，奥斯卡·王尔德却不是这样结束这个故事的。王尔德写道，水仙少年死后，山林女神们来到了湖边，发现它由一湖淡水变成一湖咸咸的泪水。
>
> “你为何流泪？”山林女神们问道。

“我为水仙少年流泪。”湖泊回答。

“啊，我们对你为水仙少年流泪并不感到惊讶，”山林女神们说道，“说到底，尽管我们所有女神总在森林里跟在他的后面奔跑，但唯有你有机会能从近处观看他的美貌。”

“水仙少年长得美吗？”湖问道。

“有谁能比你更清楚这一点呢？”山林女神们惊讶地回答道，“他每天都趴在你的边沿欣赏自己的美貌。”

湖静默了片刻，最终说道：“我是为水仙少年而流泪，但我从未注意到他长得很美。我为水仙少年而流泪，因为每次他趴在我的边沿时，我都能从他的眼睛深处看到映出来的我自己的美。”

“多么美丽的故事。”炼金家感叹道。

今日练习

找一个无人打扰的时刻。舒服地坐着，闭上眼睛。
做几个深呼吸，让自己平静地和自己相处。

如果你正爱一个人或爱过一个人，你会想到你爱他的原因吗？
感受一下，如果抛开这些原因，你对他爱的感受有变化吗？

再感受一下，如果抛开现实生活的背景，你爱他的感受有变化吗？

无论有没有变化都没关系，做几个深呼吸，感谢这些觉察带给你的启示。

让注意力回到你的呼吸上，感受你的呼吸。

感受一下，如果抛开所有的条件、身份，你爱自己的感受有变化吗？

再次把注意力收回到你的呼吸上，感受你的呼吸。

你的呼吸就如你对你生命的爱。

把注意力全部放在此刻呼吸的感受上。

感受此刻你生命的存在。

当你觉得感受充分的时候，结束这个练习。

爱是无限感受，而不是有限的交易

你的付出不是为了他，也不是为了换取什么，你只是依从了你的心。感谢“镜子”，提醒你做最滋养你的心的事。

生活就像骑自行车

她说：“我为他做了那么多，可他却这样对我……”说着说着她就掉下了眼泪。我默默地递上一张纸巾。

这时候令她伤心的，已经不是另一个人做了些什么，而是自己的付出没有得到回报，她为自己而伤心。最初，她的付出是出于爱，但慢慢地，她感到委屈、不公平或者不被重视，这时候她“委屈自己”而付出的，很大程度上已并非出于爱，而是希望通过自己的付出获得对方的尊重、认可及其他被视为

“爱”的回报。

这是很多伙伴都会遇到的问题。无论是女生还是男生，无论是初恋还是相伴多年，都会在不同瞬间受衡量付出和回报的煎熬，感到委屈、愤怒、不平衡。这个问题不只发生在亲密关系里，也发生在友情关系里、职场团队里、事业里，

还发生在一些大家族的关系里。而亲密关系遇到这样的问题，尤其令人感到伤心。

我们处于物质世界里，衡量付出是否值得通常都是基于回报。通过某些普遍的价值定义和规则，在我们的生活中逐渐形成了某种平衡与公平。我们生活在这种平衡与公平中，尽管磕磕绊绊，但总体还是会趋于平衡。然而，并非所有关于平衡的问题都可以通过某些规则和裁决的方式来解决，比如“清官难断家务事”“家不是讲道理的地方”很难断个公平。

还有一个词叫“平衡点”。你把一个平面放在一条线上，或者把一条线放在一个点上，如果你要想找到那个“平衡点”，你就得计算、测量，或者不断尝试、试错。从这个角度，你可以联想一下，把更高维度的事物置于低维度时，或者把更大的事物置于小的点上时，才会出现“平衡点”这个概念。把一个平面放在另一个平面上，不会不平衡，而放在一个小的支点上才会出现不平衡。

反过来看，当你感到不平衡时，是不是因为意识过于集中在一些相对较小的点上了呢？回首过去，你会发现，很多时候你在这个时间点感到不平衡，但在一个更长远的时间线上、更宽广的维度上，一切又趋向于平衡了。

这需要我们不断地成长才能看到。就像爱因斯坦说的：“生活就像骑自行车，只有不断前进，才能保持平衡。”

一般来说，很多关系里的问题的转变，都不是靠规则或论断来“解决”的，而是靠成长来“超越”的。

那么我们从哪里弯道超车呢？

最合算的交易

我们习惯以回报来衡量付出，如果把这种衡量方式放在关系里，我们就把关系简化成了一种交易。我们把我们的感情商品化，也把对方的感情商品化，把爱商品化，把我们自己商品化，把这一切都变成了简单的交易。

基于一场交易，我们可以衡量是否合算、是否赚了、是否公平。这是我们习惯的方式——做那些“有用”的事情——一种基于生存的人生模式。这时候我们的能量只循环于下三脉轮。我们觉得这样做会让我们感到安全，但其实透露出一些潜在信念，“我们是不安全的”“我们是匮乏的”。交易会让我们有掌控感，但其实也透露出我们对失控的恐惧。

在一个社会化体系中，某种公平的交易方式、某些基于可衡量价值的交易规则，会让我们感到安全。但在交易里，即使买东西买贵了，甚至上当受骗了，你也不至于像在感情里这么伤心。

如果试图以某种方式衡量爱，你必然会伤心。因为爱，是不可被衡量的，即便你的爱也不可被你自己衡量。真正的爱超越任何衡量方式，它更广博、更伟大，它不以一种头脑理解的方式呈现出来。当你衡量爱，就像你用一个有限的容器来接收无限的能量，你得到的总是有限——这合算吗？你知道，这一定不合算。

我们最深的本质是无限的存在，我们拥有无限的资源。如果我们用有限的方式衡量它，那么我们也会认为自己是有限的、匮乏的。所以，超越问题的过程，是把你自己从置身于有限的交易模式转化到置身于无限的情感模式。你以你新的视角宣告和证明，你拥有无限的感恩、平静、欢喜、慈悲和爱，不论你以何种方式付出多少爱，都不会减损你一分一毫的爱。

在这个过程里，有时也许你会感到受伤，那往往是你升起的评判心让你感到受伤；有时也许你感到不被他人理解和信任，那是因为他人用有限的容器来衡量你的无限。这并不是你的错——当然这也不是他人的错，他人只是还没有站在像你一样更高的视角上。

那么，你得到了什么呢？如果用衡量交易的方式，你得到的也是有限的；但如果你放手去感受无限，你得到的也是无限的，你得到的会超出你头脑的想象，超出你狭隘的预期。

你可以试着觉察一下，在你付出的时候，如果心里有个声音在说“我愿意付出”“我喜欢付出”“我有无限的爱，我能够付出”，那么你会一次次感受到你的内在有更多的力量、更多的爱；如果你在想，这个人是不是一个骗子，你会立即感到自己的无力和空虚。

当然，我并不是说让你以此应对一个骗子，你需要使用头脑这个判断工具，但不要被这个工具束缚你的心，影响你的情绪和感受。一旦遇到所谓的不公平甚至骗局，头脑可以帮助你处理这些问题；但你并不会升起焦虑、委屈、愤怒等不舒服的感受，你不会害怕失去，不会感到你的力量被拿走。你的能量状态仍然在较高频率，你能感受到你仍然是那个无限丰盛、丝毫无损的你。

还有什么比这样的“交易”更好的呢？这是一个多么合算的交易呀！

做对你的心最滋养的事，与他无关

我想起一个关于乞丐的故事。走在街上，我们经常会遇到形形色色的乞丐，看到很多遭遇不幸的人，让人心生怜悯。但你也知道，其中有一些“乞丐”只是定时定点到人流集中的地方“上班”而已。

20 世纪 90 年代，我还在上学，第一次去某城市时，看到有人把婴儿直接放在街头暴晒，以此讨钱，让人不忍直视。当地人嘱咐我千万不要给钱，这些孩子背后都有人操纵，给钱会让他们变本加厉，而且你给了钱就会一下子涌出好多人找你要钱，令你无法脱身。那些场面，我至今想起都还感到难受。

十几年前，“心探索”组织了一场活动，我们有缘请到一位老法师带领“一日禅”。活动结束后，我开车送法师回住处，在十字路口又遇到敲车窗的“乞丐”——他几乎天天在这个路口“上班”。我就问法师，我明知道他不是真正有困难，也许他的收入比普通白领还高，但看到他，我又觉得不给钱心里不舒服，这该怎么办？法师说：“他是不是真有困难是他的事，他是不是干‘坏事’也是他的事，而你给不给钱，只是你的事，与他无关。”

这句话让我放下了这么多年来对这个问题的纠结。从此，再在路口遇到这个乞丐，我会给些零钱再嘱咐他注意安全。即使有时候我摇头拒绝，心里也很坦然。类似的情况再也不会困扰我，我所看到外面发生的事，只是反观我内心的“镜子”。

你也是同样。你的付出不是为了他，也不是为了换取什么，你只是依从了你的心。感谢“镜子”，提醒你做最滋养你的心的事。

今日练习

找一个无人打扰的时刻，让自己舒服地坐着。闭上眼睛，感受自己自然的呼吸，感受自己正平静地和自己相处。

慢慢地，把你的呼吸带到你的腹部，感觉你的腹部一起一伏。想象你的腹部中心，有一枚光彩四射的钻石，散发着耀眼的光芒。光芒充满了你的腹部，像大大的光球。光球随着你的腹部的起伏，随着你的呼吸，时大时小，随你掌控。你可以透过呼吸，把光放射到你身体的周围，也可以让光在你的周身流动。

感受这个光芒，感受光的流动、光的扩散。你可以决定你的力量，无论外在环境有什么变化，都不会影响你内在光的流动。

在这个状态下，静静地感受一会。

当你觉得可以的时候，做几个深呼吸，慢慢结束这个练习。

你无法用有限的视角，揣度每个灵魂来到此生的目的

如果我们试图分享智慧，就会感受到孤独。如果我们寻找并只认同相互有限的交集，就会感受到限制。如果我们把彼此都视为宇宙中无限回荡的旋律，我们就可以一起汇入一首美妙的宇宙交响乐，一起创作一首丰盛恢宏的生命之诗，一起做一场没有边际的梦。

你看到的花，我永远看不到

宗萨钦哲仁波切曾说：“我看到的花，你永远看不到，所以我们无法分享真正的花。我们只能假装我们在分享，而这是非常孤独的，我永远不能与你分享我正经历的。我所经历的，只有我能经历。”

在这个世界上，我们永远无法百分之百地把自己的感受分

享给另一个人。原因有很多。我们每个人都选取现实中的一角作为自己世界的全部，这一角也许只有全部信息的万分之一。若我看到的万分之一与你看到的万分之一有些许交集，这就是我们细微的共鸣。而即便我要表达这万分之一，我也无法表达出全部，我只能表达出其中极微小的一部分。这一部分再经过信息接收者的筛选以及理解的狭窄通道，也许能到达的又只有其中的万分之一。

分享这个世界上同一维度的事如此，用这一维度的语言工具分享更高维度的信息更是如此。如果用这一维度的逻辑对错去分析理解更高维度的信息，就像以平面穿过立体，得到的还是平面。用这一维度的商业逻辑去分析一项精神性使命的事业，得到的不是精神性，而是创业者可能精神有毛病。

人和人之间也是同样。人并不只有属于物质性的频率，人拥有从物质到灵性完整的能量频率——无论你是否堵塞或封闭了某一部分。一个人无法以对错、优劣的评价方式去揣测另一个灵魂经由此生要达到什么样的最高目的——就连他本人也无法判断和评价。

慈悲来自我们无法揣度每个灵魂来此的目的

你无法以头脑的有限视角去揣测另一个人的灵魂使命，你也不知道此时此刻这个人在他兜兜转转、起起落落的漫长意识旅途中，走到了什么地方。除非你把你的视角从头脑中抽离，让视角属于一个更大的觉知。就像平面穿过立体，无论你看到的、听到的是这个人的某些信息，还是这个人一生的是非对错，都只是一个有限的时空切片。这个切片并不是这个人的全部。当然，我们可以这么做——我们就这么做着——这并不存在对与错，这只是灵魂游戏的一部分。

只是有时候这样做并不会让我们感到舒服。因为这个限制应用在他人身上的时候，同样也会应用在我们自己身上。而你已经隐约觉得——尽管不一定清晰——你不仅仅只是存在在这个维度上的物质身体，你还与更大的存在有着某些联系。你感到你也在被评判和描述所限。无论是所谓好的评判，还是所谓坏的评判，无论是他人的描述，还是自己的描述，都是一种限制。

如果我们认同一种评价体系，把注意力执迷在评价他人和评价自我之中时，我们就限制了自己更多的可能性。我们把自己框在一个评价体系之内，然后钉上这个箱子，久而久之，我们觉得箱子就是自己，自己就是箱子。时空的大海上，漂满孤独的箱子，箱子和箱子只能相互撞击，只有走出箱子的一颗颗不再被束缚的心，才能生起慈悲照耀冰冷的海面。

但这并没有什么对与错，我们只是以这样的方式进行着生命功课的一部分。而这门功课是什么，他人无从知道，我们自己也早已忘记。我们有我们的生命功课，他人有他人的生命功课，我们无法揣度每个灵魂带着什么样的目的来经历此生。用慈悲的心去看待每一个生命此刻的功课，就像看风中的野草，就像看逆流而上的鱼群，它们同样是我们自己。

你趋同于别人的梦时，你就失去了你的梦

真正的智慧是活的、开放的，又是高度概括的。智慧有时像是精准的总结和预见，却又不限于定义，不限于时空的条件，它流动如水，可以呈现出各种形态，却又不失深邃的本质。

如果我们相信这个世界、这个时空就如我们所定义的那样，我们就很难进步。我们就会被囚禁在一时一地的牢笼里，让过去的限制性观念束缚此时此刻的自由。

智慧并非“知道”，而是让自己保持“不知道”的心，带着开放与好奇，去发现这个世界还有更多的奥秘和美妙。

从某个角度来说，你无法定义智慧，你也无法定义什么是“冥想”。至少目前很难，所谓“言语道断，不可说，一说就错”。你无法用一个局限性的工具，比如语言，去定义一个更加宽广的事物。你无法用线性的工具去定义非线性的事物。同样是文字，逻辑性的叙述所传递出的信息要比意象性的诗歌单薄，诗歌的意象为我们传递出更多的感受和能量。音乐、绘画也是

一样，艺术使我们感受到的信息更丰富。

我们之所以感受到这些信息，是因为生命中经历的某些部分在与之共振——我们的能量加入其中，经过共振能产生出更丰富的信息，从而感知到更大的能量。这就是艺术之于我们的价值。

当逻辑代替了感受，当一首诗、一幅画被用定义的方式解读，这首诗、这幅画到达欣赏者的路就变窄了。你获得的意义和启示与另一个人获得的意义和启示，不一定是完全相同的；你感受到的能量与另一个人感受到的能量，一定是不完全相同的。而这其中没有对错，每个人都会得到自己在这一阶段所需要的。

我们可以谈论智慧，谈论冥想，但每个人都有他自己的智慧和冥想，就像每个人都有自己的梦。你很难准确地描述你的梦，梦不是线性的、有唯一解释的，梦难以被描述、还原，就像艺术一样。

如果你希望趋同于某一个梦时，你就失去了你的梦。就像胡适的那几句诗：

醉过方知酒浓，

爱过才知情重：——

你不能做我的诗，

正如我不能做你的梦。

如果我们试图分享智慧，就会感受到孤独。如果我们寻找并只认同相互有限的交集，就会感受到限制。如果我们把彼此都视为宇宙中无限回荡的旋律，我们就可以一起汇入一首美妙的宇宙交响乐，一起创作一首丰盛恢宏的生命之诗，一起做一场没有边际的梦。

拆开箱子，好玩很重要。

今日练习

找一个不被打扰的时间和地点，放松地坐在椅子上，双脚稳稳地放在地上。

闭上眼睛，做三个深深的呼吸，使自己的思绪逐渐沉淀下来。

然后，转为自然的呼吸，不需要控制呼吸，放松地呼吸。

慢慢地，感觉呼吸变得舒缓而自然。

想象自己放松而舒展，就像大自然中的一棵大树。

此刻，你的脚就像树根，深深地扎根于大地。随着你的每一次吸气，根就越插越深，你会感觉有更多的营养、资源流入你的身心。

在天地间，你是一棵茁壮而美丽的大树。

每一次吸气，你都从大地吸入营养，气息穿过你的身体直到头顶，吸入无限的宇宙。

每一次呼气，气息从无限宇宙经由你的头顶，向下穿过身体，流入大地之中。

每一次吸气，吸入无限的支持、包容和允许；每一次呼气，无限的能量从上到下贯穿你的身体，把所有烦恼和执着冲刷到大地之中。

就这样，你在天地间自然地呼吸着，自由地呼吸着。

你把自己交给大自然，交给宇宙和大地。

让你的呼吸在你和大自然的能量之间流动起来；你的呼吸和无限的天地都没有界限。

你是你，你也是无限天地的一部分，你也是无限天地本身。

就这样静静地呼吸着，自然地呼吸着，自然地流动着。

给自己一点时间，充分地感受。

当你觉得可以了，你可以做几个深呼吸，慢慢地回来，结束这个冥想练习。

你们真的“在”一起吗?

在关系中，我们大多时候是心不在焉的，我们并没有在当下。你是否“在”，你的爱人是可以感受到的，他可以体会到你“在”还是“不在”；而如果你真正全心全意在此刻，你也能感受到他是否“在”。

你们真的“在”一起吗?

你和你的伴侣在一起的时候，通常是什么样的状态？有没有试过，你们在一起，但不说话，两个人都处于全神贯注的静心之中。不一定是一起做冥想，而是两个人都全神贯注地处在同一个当下，专注于彼此心灵的联结，或者专注于某一个兴趣或行动带来的喜怒哀乐的感受——注意，是感受，不是思考，不是一起讨论问题、谈论事情，而是在同一个当下的体验中，感受彼此同步的心跳。

如果你们有一些这样的时刻，我相信这些时刻正是你们关系中最闪光的时刻。你们不仅是在一起，而是“在”一起。对于大多数人来说，这样的时刻并不多，你们更多的是在一起聊天，讨论过去和未来问题，或者各看各的手机，各忙各的事。即使躺在一张床上，你们的心也不都在这张床上。

我们自己很少能够全神贯注投入到当下这一刻，我们的伴侣也同样如此，更不用说两个人一起全神贯注投入到这一刻。

我们在同一个觉知之中

而一个人在处于当下的状态时，往往是最吸引人的。

有一个有意思的经历。几年前，我应邀参加一个工作坊，其中有一个环节，是把参加工作坊的所有男生都请上台去——当然男生通常不多，那一次还算不少，算上我有十一二个。接着老师请了一位女生上台，让这位女生在每位男生面前停留，而男生则需要和女生一对一说一些话。一个个全部结束后，看看这位女生在这个过程里会有怎样的感受和印象。

对于男生们，这是展现能力的时候。因此男生们或用自己

的经历，或用对女生的赞美，以期获得女生的注意。轮到我的时候，也许是因为我没有获得关注的期望，仅把所有注意力放在了当下这一刻，只是静静呼吸，感受两个人之间的联结，在心里感谢此刻的相遇。我只说了三个字，也是那一刻我真实的感受：谢谢你。

所有人都讲完之后，工作坊的老师就问这位女生，这些男生中你对谁的感受最为深刻？这位女生提到了我。老师问为什么，女生说，我也不知道为什么，我只是感觉他关注到了我的心。

我想那一刻，我并没有刻意关注到她的心，我的关注是在这个当下，在这个当下的觉知中；而如果她也在感受当下，那么我们的心都处于同一个觉知之中。

在这一刻，没有过去，没有未来，不在别处，只有此刻。

想一想，在你和另一个人的联结中，让你印象最深刻的、让你感受到最大喜悦的时刻，是什么时刻？是某一次冒险的旅行？是某个一起面对突发事件的瞬间？是某一次两个人同时处在深深的静心之中？或是有其他什么美妙如火花般闪亮的瞬间？

“在”是引力

在关系中，我们大多时候是心不在焉的，我们并没有在当下。你是否“在”，你的爱人是可以感受到的，他可以体会到你“在”还是“不在”；而如果你真正全心全意在此刻，你也能感受到他是否“在”。

如果你有孩子的话，可以观察一下他。每个小孩子都希望父母关注自己，有时候虽然你在他身边，但你在忙一些别的事情时，比如你在看手机回复信息什么的，那么他会清楚你并没有真“在”他身边。

对孩子来说，你变得很遥远，甚至比没在场还遥远。这是因为孩子对你的“在”有所期待，而你却并未真正“在”，于是他期待落空的感受就增加了。所谓陪伴是否高效、是否有品质，关键在于你的注意力有多大程度“在”这里。

当你的注意力回到这里，回到此刻，你会发现孩子也会处于安定、安宁的状态，孩子一直“在”。你和你的伴侣相互之间也是如此。

你“在”的状态，一定是你最美妙的状态，最有魅力的状态，也是你内在安定与安宁的状态。

你与此刻的恋爱

那么，如果一个人“在”，另一个人好像不在当下，怎么办呢?

一个人无法直接改变另一个人，期待另一个人改变等于自掘坟墓。你可以做的是对发生的事说“是”，你可以改变的是你自己。

如果你“在”当下，而你的伴侣“不在”的话，那你需要做的是接纳他的“不在”。如果你没有接纳他的“不在”，你就离开了自己的“在”；如果你期待他在当下，那么你也离开了这个当下。

你是否“在”当下是你的事情，与其他人无关，你只在你自己的每一刻。如果你“在”，你就没有索取他人注意力的需求。

当你在这一刻，你会感受到属于你自己的宁静，自然而然地你会趋近于较高的频率。同时你也具备了强大的引力，他会被你的这个引力所吸引，但前提是你先回归自己的中心。

让我们再用孩子来举例。比如你在打电话，如果孩子试图以哭闹来吸引你的注意力，你和他之间就会形成一股张力和对抗。如果他只是专注地玩他的玩具，画他的画，那么当你放下电话，也很容易被孩子所吸引。

你的吸引力在于你“在”。虽然别人的临在状态可以感染我们，但是我们不能期待别人把我们带到临在状态，而是我们自己引领自己回到这个当下。

这时，就像你和你自己谈一场恋爱，你和此刻的时光谈一场恋爱。

愿你拥有越来越多这样“在”一起的时刻。

今日练习

找一个机会，你和伴侣两个人做一件彼此都可以全程关注当下，全程用心感受的事，并完全投入到当下的感受之中。

感受你们真正同在一刻。

感受仅仅因为对方“在”而被你接纳，感受仅仅因为你“在”而被对方接纳。

把你最渴望得到的“爱”给到你的内在小孩

你照顾你的内在小孩，他也滋养了你；你陪伴他，也被他治愈。谁说我们原本是有缺失的呢？

“不去伤害，也不被伤害，这就是心灵的纯真。”

——克里希那穆提

滋养纯真

一朵静静开放的雏菊，一只双眼明亮的小猫咪，一匹牧场上蹒跚的小马驹，一群飞过蓝天叽叽喳喳的小鸟。如果你看到它们，感受一下，你的心会有什么样的感受呢？

一群毛茸茸的小鸡，一只小老虎、小熊猫，或者一个双眸明亮的婴儿，也许当你看到，甚至只是想到的时候，你的心会瞬间安静。哪怕只有一瞬间，你也会静静地从心底微笑。无论有多么着急的事务要处理，你也会闪过一丝喜悦和平静。

这些喜悦和平静，是它们带给你的吗？并不完全是。

你看到的这些，都是你内心的一面镜子，让你看到你心中那些孩子般的纯真、孩子般的喜悦，经过尘土飞扬、沧海桑田，仍然驻扎在你的心里。也许被尘土掩盖，但依然还在。

当你关照那些小猫小狗、那些小花、那些小孩子的时候，你就在关照你的内在小孩，那个带着纯真之爱的孩童。给他们滋养，给他们抚慰，让他们相信，纯真与爱是生命中最有勇气的力量，也是最坚强的力量。

也许你的内在小孩，曾经因为他的柔弱而受伤，但这个小孩依然是你生命中坚强的力量。他有着生命中最本源的力量，最本质的爱。你和这个力量待得越久，你就可以得到越多的滋养，就像一颗疲惫的心在大自然中逐渐复原。

纯真的心不受伤害

纯真的心可以化解一切矛盾和痛苦。

大多数伤害并不来自外在的事物或自己的感受，而是来自叠加在上面的评判与抗拒，而纯真的心没有评判。一颗纯真的心可以接纳和原谅一切，并且不会对事物或感受施加观点。如果我们安住在纯真的心中，我们其实是不会受伤害的。

但在长大的过程中，我们必然会被观点所影响，并逐渐把一些观点内化为潜在的想法和评判，这对纯真的心是很大的挑战。

我们会经历分离、心碎，并将这些感受定义为自己“不完整、不够好”。慢慢地，我们被外界的观点和自我的信念所限制。

在我们漫长的成长历程中，有两股对抗的力量一直影响着我们，就像心里有两个声音：一个自然开放的声音，一个约束批评的声音；一个声音说“好呀”，另一个声音说“不行”；一个声音说“我被爱”，另一个声音说“你不配”。我们的幸福感在我们内在的对抗中被过度消耗。

一次次的创伤体验没有得到释放，一次次的情绪能量被压抑或回避，让我们累积了很多需要处理的干扰能量。它们总是吸引着我们的注意力，使我们越来越不容易感受到最初纯真的状态。

然而，越是如此，越显出这颗纯真之心的珍贵和重要，它

像黑夜里偶尔闪亮的明珠，在我们的心中透出它的光亮，提醒我们即使在黑暗中摸索，也总有一些纯真、喜悦和善良值得去探索与坚守。

我们该如何转化呢？

照顾你的内在小孩

我们有内在小孩，也有内在父母，在没有觉察的情况下，他们也许会延续外在的评判与对抗的模式。但当你觉察到这一点，你就可以作为内在父母，看到你内在小孩的需要，给予他相应的关注和爱护。

在内在父母与内在小孩的关系里，我们是我们自己的孩子，我们也是我们自己的照顾者和滋养者。如果用这种方式觉察、接纳和转化了他们之间的内在冲突，我们也仍然可以回到不会被伤害的、有力量的、纯真的初始状态。

在这个过程里，首先要觉察并倾听内在小孩的声音，然后再给予他们相应的抚慰和滋养。

想一想当你还是个孩子的时候，什么会让你开心？每个孩子都希望被看到、被关注和陪伴。那么，你可以放下现在所有的评判，把你自己小时候感受最好的、最渴望的体验给到你的内在小孩。比如，小时候你希望爸爸妈妈陪伴你，现在你就可以以你内在父母的角色来陪伴你的内在小孩，告诉他，他永远拥有你的陪伴。

为了让自己比较容易得到这些觉察和转化，你也可以找一些时间与自己单独相处，让自己处在一个放松的、不用担心任何人目光和看法的状态下，让你的内心充分地放松。你可以身处大自然，也可以在任何你认为舒适的地方。

在这种独自一人的状态下，好好观察一下自己，也许你会觉察到头脑中无数的杂音，觉察到那些不安、逃避与抗拒的声音，觉察到我们对周围和自己不完美的定义和批判，觉察到我们没有外在刺激就无处安放的注意力。然后，慢慢地，接纳所有的声音，也接纳你经历过的评判与伤痛，就像大海接纳所有汇入其中的一切，等待它们自然地沉淀或消散，允许自己慢慢地安静下来。

渐渐地，当你听到那个纯真的声音时，即使独处，你也能心生微笑。

这个过程不一定要很长时间，但如果你经常这样做，就会发现一些变化。这是我们体验转化历程的一部分。

就像你看到的雏菊、小猫、婴儿，它们像镜子一样照见你从未消失的纯真。回归它、享受它、爱它，让自己可以常常活在纯真的喜悦中。

你照顾你的内在小孩，他也滋养了你；你陪伴他，也被他治愈。谁说我们原本是有缺失的呢？

今日练习

找个机会，专注地陪伴孩子。如果没有孩子，你也可以照顾一盆植物或一只小宠物。

你可以想象你照顾的对象，就如同你的内在小孩，也许他调皮，也许他乖巧，也许他默不作声，但他都在以他的方式，展露他的纯真。

花时间去和他玩耍，感受和他在一起时的无忧无虑，用你全部的关注和爱滋养你的内在小孩。

原生家庭不是一个问题，那儿藏着一所隐蔽能量的学校

疗愈与父母关系的本质，并不是让关系看上去变得和谐，而是一个内在转化的过程，转化内在的限制性信念、穿越并释放负面情绪，化解内在的对抗和冲突。

原生家庭是个问题吗?

有一位朋友对我说：“给我介绍对象，我没别的要求，唯一就是他的原生家庭要比较健康和睦，这样他心理健康的可能性比较大。”

可见，现在人们对原生家庭之于一个人的影响有着不同于以往的认识，也特别重视这一点。同时也能感觉到这位当事人自己也对此有着深刻的体验，甚至其内心可能隐藏着挥之不去

的伤痛。

在寻找答案的旅途中，无论从心理层面寻找支持，还是从心灵成长层面向内探索，我们很容易发现，一生中遇到的问题、困扰和挑战，有很大一部分来自原生家庭所带来的创伤以及影响。我们下意识的自动化应对模式，大部分来自原生家庭的关系模式、教育方式等。

这些创伤的阴影、这些自动化的应对模式，给我们带来了大量的限制、束缚和挑战。所以，很多人会从原生家庭着手，通过解决与父母的关系问题，应对自己所面临的挑战。

可是解决起来，我们又发现，问题不是那么好解决的。很多人处理与父母的关系，花了十年、二十年甚至更久，依然无法摆脱自己遇到的困扰。

有些人发现，自己也主动认㞞了，也孝顺了，和父母曾经的冰封千尺表面上也开始变得表面和气起来。但是眼前的现实问题还是没有解决，情绪上仍然大起大落，同时没有真正感受到与父母的能量联结，也没感受到通过这个能量联结所带来的滋养和成长。

我们和父母其实并未真正“和解”。

尽管很多现实问题可以追溯到原生家庭，但当我们把原生家庭视作“问题”的时候，我们就已经走向分裂——不仅是与原生家庭的分裂、与童年成长经历的分裂，还加深了自己内在的分裂和冲突。

因此，当人们试图解决原生家庭问题时，往往发现剪不断理还乱，不但自己的伤痛越翻越深，父母更是觉得委屈难过。结果不但我们的伤口无法愈合，还显现出了更多的矛盾和痛苦。

当我们把一件事视作“问题”时，心中自然会升起抗拒。而我们所抗拒的，它的能量会变得更强大，直到我们接纳，才会带来改变。

推开原生家庭问题的旋转门

当人们感受到心理困境的时候，往往会陷入一种迷茫，不知道自己为什么会这样痛苦，不知道为什么自己怎么总是这么难。而当他将遇到的困境、挫折和限制归因于原生家庭时，自然会有一种解脱感。这是完全可以理解的。

但人们也会发现，这种如同摆脱了责任一般的解脱感持续得非常短暂。它并不能让你从根本上摆脱那些困境、挫折和限制。你可以解释困境，但不能摆脱困境。那些困境和痛苦，依然影响着自己的生活和工作。

毕竟，无论如何，只有我们自己才能为自己的幸福负责。

原生家庭的确深深地影响了我们、塑造了我们，事情确实是这样，情况就是这么个情况。但是，请相信这并不是家庭成员的本意。

一个人从小在家庭中成长，会接收到极其丰富的信息。这些信息是海量的、难以估算的。就视觉信息来说，每秒约有上百亿比特的信息抵达视网膜，而通过视觉输出神经由视网膜传向大脑的信息，每秒只有六百万比特。简单算一下，你最多只能选取万分之六的视觉信息进入大脑。如果算上比例或许更小的听觉信息及其他感官信息，相对于你接收的信息量，进入你大脑的信息量极少。

在你成长中接收的海量信息里，你只会选取其中极少的信息，成为你未来的限制性信念、未来的情绪干扰和内在束缚。或者说，你从中选择了这些比例极少的信息作为未来需要突破的限制，从而得到生命的礼物。比如，一个母亲以同样的方式带大几个孩子，即使她对每个孩子的养育方式完全一样，不同的孩子从中吸收到的信息也会不同，每个孩子未来遇到的心理挑战也会不同，获得的心理资源也会不同。

在成长中，我们为什么只吸收自己选择的那些信息呢？我们之所以选择了不同规格、不同型号的“茧”，是为了达成各自不同的生命目的，为了体验这一生独一无二的灵魂使命。

如果从这个视角打开原生家庭的说明书，我们会发现，看似原生家庭给我们制造了束缚和枷锁，实则在这束缚和枷锁中蕴藏着我们成长突破所需要的资源。这种资源并不一定会以我们所理解的方式呈现，它可能是一个反向的力量，让你借助它找到钥匙、打开枷锁，从而找到你自己的力量。

就像如果没有地球引力的束缚，你也无法体验到，学会飞行是一种何等美妙的经历。

地球引力中的飞行学校

在这扇隐藏的旋转门背后，原生家庭不再是一个问题，而是一所隐蔽的学校——这所学校并不是我们表面上看到的那样，教我们如何走路、如何刷牙洗脸、如何做人什么的，它埋下了我们人生模式的线索。而隐藏在这个线索之下的，是要我们通过认识、接纳和超越曾经的模式来获得内在的成长，进行内在频率的自我调整。

在成长的岁月里，我们从没意识到这所隐蔽学校的存在。我们的父母也不知道他们竟扮演了这所学校中的重要角色，但他们无意间的尽力出演，埋下了一条看不见的线索。这条线索助力我们可以在此生的地球旅行中，获得我们想要体验的成长。

而且，这所学校还是一所私立专属能量学校，只为我们自己而定制，甚至也许是我们来地球前亲自定制的。只是由于地球人的出厂设置，我们忘记了而已。

当重新推开这所学校隐蔽的旋转门，我们要学到的一个要点就是：我们与父母的关系，不是一个外在的关系，而是我们内在的关系；我们与父母的冲突，不是外在的冲突，而是我们内在的冲突。这意味着，我们与父母的和解，也是我们内在的和解。它们并不在我们之外，而是在我们之内。

在童年与父母的互动中，我们累积了很多“学习资料”：比如很多局限性的信念、印记，比如负面的感受和情绪能量，比如我们往往会感到自己不够好、不配得，感到不被认可、不被尊重和信任，比如感到委屈、愤怒，对分离感到恐惧，等等。这些内在的印记，促使我们显化出外在的某些应对模式，并在这些模式中感到痛苦。

疗愈与父母关系的本质，并不是让关系看上去变得和谐，而是一个内在转化的过程，转化内在的限制性信念、穿越并释放负面情绪，化解内在的对抗和冲突。

我们的内在冲突，一定会影响到我们所有外在的关系，影响到我们的生命品质，影响到我们对人生使命的清晰度。所以我们通过在这所学校中疗愈与父母的关系，疗愈我们内在的冲突，就可以帮助我们改善外在的所有关系，帮助我们自由地发展自己的热爱和天赋，体验无条件的喜悦，真正爱自己，真正自由地成为我们自己。

当我们不再把注意力放在“问题”上，放在支离破碎的片段上，而是放在生命的整体上，我们将体验感激而非抱怨，体验宽恕而非评判，体验爱自己、爱他人，体验我们来此一生的真正目的。

今日练习

这是一个小手指的手印练习。可以帮助你活跃土元素的力量，带给你坚定、稳固的支撑感和安全感，也更能接受大地的丰盛赐予。

找一个安静的、不被打扰的时间和空间，舒服地坐着，背部直立而放松，不要靠在椅背上。做一个深深的呼吸，让自己慢慢地放松下来。

然后，双手置于太阳神经丛脉轮的前方，就在你胃部的附近，肚脐的上方。手心向内。

然后，把两手的小手指之间轻轻地对在一起。其余手指放松地向手掌自然弯曲。

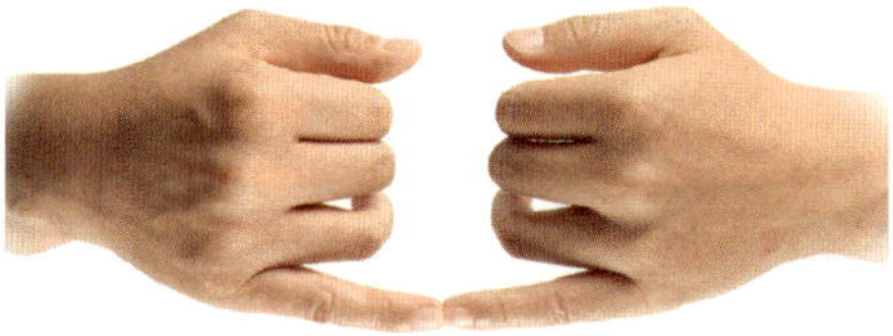

肩膀放松，手肘放松，脊椎直立，手臂前臂与地面平行。

自然地呼吸，感觉全身的频率与这个手印的频率慢慢地协调起来。

感觉你的呼吸，随着这个手印带来的感受与全身感受的调和，慢慢地下沉，延伸到你身体的底部，给你一种支撑和稳定的感受。

感觉自己就像在向下扎根。

你的呼吸似乎变得缓慢而平静，你整个人变得更加稳定而宁静。

任何时候，你都可以与大地接纳与支持的能量和谐共振，你都可以得到完全的支持。

让自己停留在这个感觉中，停留 3 秒钟或更长的时间。

当你觉得可以了的时候，慢慢地把双手放下。

做几次深呼吸，让这种感受印在你的身体中。

慢慢睁开眼睛，结束这个练习。

拥抱是一种修行

与其说你拥抱的是对方，不如说你拥抱的是自己的当下。你们是一体的——这一刻没有别人，甚至没有自己，有的只是宁静。这一刻你就像被一个更大的你，或者说更大的宇宙、万物的源头拥抱着——这一刻没有你，只有唯一的一颗心。

拥抱是一种修行

很多心理工作坊在结束学习的时候，大家都会依依不舍，相互来个“爱的抱抱”，以拥抱感谢这几天相互敞开心扉的旅程。

以我小时候受的教育来说，拥抱是一件比较尴尬的事情，不知道比我再晚出生十年、二十年、三十年的朋友们会是什么情况。

有时候，一些互动较强的工作坊，包括一些成功学的工作坊，也会把拥抱作为一种破冰的方式。因为除了让大家突破一些平常没怎么做过的事情，拥抱的确也意味着敞开、诚恳、友善以及心与心的贴近。

现在我已经习惯了拥抱，无论是和我爱的人还是初次见面的人，无论是和同性还是异性。当气候、温度、环境、剧情都比较适合的时候，拥抱比语言更容易传递出允许、接纳、肯定、支持和更宽广的爱。

但拥抱和拥抱也不一样，对我们的挑战是，是否可以在每一次拥抱中——无论气候、温度、环境、剧情是什么样的——都能存在于无限的爱中。就这一点来说，拥抱不仅是一种仪式，也是一种修行。

当你用心拥抱，会感受到每一个拥抱都不一样。因为你可以感受到这一刻彼此的状态。有的人尴尬勉强，就像我以前一样；有的人出于礼貌，点到为止；有的人你能感到他正在为一些事情烦心；有的人悲伤，有的人自责，有的人担忧，有的人患得患失；也有的人开放、欣喜、温暖、快乐，充满包容和喜悦，向往着全新未来的，对此刻与未来充满了感激，充满了爱。

心轮能量的交融

对于学习接纳与付出，拥抱是非常好的练习。

一个真正的拥抱意味着放下自我，完全处于当下，深深地接纳自己和对方的一切——无论对方处在什么样的频率和状态，都如实地接纳，也接纳自己内心的所有声音，只是听到这些声音、觉察这些感受，再回到拥抱本身。

在拥抱中，双方的心轮能量非常接近。如果你拥有一个开放而平衡的心轮状态，那么你在拥抱中，会以你的慈悲之心，接纳和融化对方的痛苦、压抑、悲伤、挫折等感受。对方会在你的频率中，感受到平静和安宁，深深地感受到被接纳和被爱，获得积极的爱的力量。

对于你自己也一样。如果对方拥有开放的心轮能量，你也会感到自己是安全的、被接纳的、被允许的、被包容的、被爱的。那么，你也会对“打开自己”更加信任，会更容易打开你的心轮。你知道这世界上存在着伟大的接纳与宽容的能量，你也会对自己所经历的一切充满慈悲。

全心全意地享受当下

拥抱是一种可深可浅的修行，在拥抱中，双方同在这个当下是很重要的。

与其说你拥抱的是对方，不如说你拥抱的是自己的当下。你们是一体的——这一刻没有别人，甚至没有自己，有的只是宁静。这一刻你就像被一个更大的你，或者说更大的宇宙、万物的源头拥抱着——这一刻没有你，只有唯一的一颗心。

这样的拥抱并不仅仅是礼节性的仪式，它蕴藏着更深入的能量互动。在拥抱的这一刻，你们可以不做其他更多的动作，比如拍拍后背、说些话什么的，因为你的能量并不专注于这些动作上，你的能量此刻在心轮的敞开中。

当你用这样的方式去拥抱，每一次拥抱你都可以收获更多，每一次拥抱你都可以体验到平凡生活中仍然充满了宁静与慈悲，体验到人与人之间深刻而充满爱的联结。

怎么样，此刻就用你的双手抱住自己的肩膀，给自己一个“爱的抱抱”吧。

今日练习

这个练习你可以找一个愿意和你一起练习的人，如果一时没有另一个人，你也可以自己做这个练习。两个人练习时可以相互拥抱，一个人练习可以双臂交叠拥抱自己。

找一个安静的、不被打扰的地方，环境相对舒适，能让你放松。

请你们双方都闭上眼睛，把双手放在自己的心轮上，放松整个身体，放松心情，放松头脑。

缓慢地呼吸，让思绪沉落，感受爱从心轮浮起。

大约 20 秒后，你们可以慢慢地相互拥抱，感觉心轮的能量交融在一起。不需要有其他的动作，不需要用力表达你的情感，也不需要拍背或者说话，只是单纯地、静静地感受彼此的频率逐渐同步。

把你的注意力放在心轮的位置，感受心轮爱的能量，感受双方能量的交融。

如果你心存浮动，有念头或情绪产生，可以在心里说："我看到我的念头或情绪，我接纳我的念头或情绪。"在心里感觉心轮的能量正对此刻的自己说："谢谢你，我爱你，谢谢你，我爱你……"

持续 3~5 分钟，当你们彼此感到可以的时候，慢慢分开。

再次把双手放在心轮上，让注意力回到自己的呼吸上，回到自己的中心，感受你全身上下都被心轮的能量滋养，感谢自己为自己带来的一切。

沉浸在这种感受中，当你觉得可以的时候，做几个深呼吸，把这些感受深深地留在身体里，结束这个练习。

世事无常，唯爱永恒

有时候人们会说，让时间去检验一切，但是时间只能检验某个结果，无法检验一个人的幸福感受。一个人在某一刻获得的幸福感受，也许会超越有些人在束缚中度过一生所获得的感受。

幸福不在天长地久，而在片刻点滴

有一位朋友，婚姻遇到了一些困难，她很焦虑：“说好的天长地久，还能实现吗？未来怎么办呀？”我们似乎本能地认为，天长地久、百年好合才是幸福，如果婚姻“失败”了，就意味着某种不圆满、不完美，感觉人生都失败了。

还有一位朋友，事业上陷入巨大的危机，也很煎熬：“朋友们说一定要扛住了，熬过了冬天就是春天，胸脯都拍了，如果倒了，真没脸了。”我能感觉到他的低迷和抑郁。喊过一定要做百年老店，干起来却发现每个季节都是冬天，一生一世的事业一旦破灭，感觉人生好像就没什么意思了。

我们都喜欢追求天长地久、一生一世，追求永恒，但人生苦短、命运无常，在天长地久的路上，似乎到处竖满了玻璃墙。然而，虽然我们反复碰壁，却没人愿意放弃这个追求。就像没有谁会说：亲爱的，咱结婚能过满两年，咱就成功了。

所以，年少时听罗大佑唱《恋曲 1980》，当时就很受震动："你曾经对我说，你永远爱着我，爱情这东西我明白，但永远是什么？姑娘你别哭泣，我俩还在一起，今天的欢乐将是明天永恒的回忆。"

是啊，也许我们不能永远在一起，但今天的欢乐会是明天永恒的回忆——如果每一个今天都不欢乐，那永恒又有什么意义？

如果你这么跟姑娘说，基本会被定为渣男无疑。但是姑娘也能听出来，有人这么说，确实是想逃避责任，不想认真；而另一些人这么说，却是想负起责任——我明知我不清楚未来，又怎能轻易承诺，我只能对"此刻"负责，就像北岛的诗：

我不想安慰你，

在颤抖的枫叶上，

写满关于春天的谎言。

也许这样负责的“此刻”，从此反而越来越多。

的确，就像日本有些只有几张桌子的小餐馆，老板靠着匠人精神，用心享受每道菜的制作，做着做着就成了百年老店。有时两个相爱的人，一点一滴爱着他们当下的每一步，走着走着就走向了天长地久。

我们喜欢追求时间上的永恒，但其实只有当下这一刻，才是真正的永恒。只有在当下，你才会沉浸在爱的感受中。如果

我们一味追求时间上的永恒，反而离开了这个永恒的当下，离开了爱的感受。

如果你存在这样的信念，比如“白头到老才是完美的”“基业长存才是真正的成功”“死后被世人记住才意味着存在过”……那么自然就会对自己、对他人有着类似“不完美”“不成功”“不存在”的评判。

这些信念意味着内在的限制，让你看不到更多的可能性，让你关注你觉得“不够”的部分，而忽略你所拥有的部分。当期待着要去证明这些信念时，你的注意力就会放在未来，而不在当下，你往往无视眼前的快乐与幸福，陷入焦虑与煎熬。

有时候人们会说，让时间去检验一切，但是时间只能检验某个结果，无法检验一个人的幸福感受。一个人在某一刻获得的幸福感受，也许会超越有些人在束缚中度过一生所获得的感受。

我们在时间和空间里所构造的故事，无论时间长短，打动你的只在每一个细微时刻。如果在这些时刻你没有与爱共振的感受，无论时间多长，它都只是一个虚幻、空洞的概念。

人会变，世事会变，爱不拘泥于时间。放下束缚，才能体会到点滴中的永恒。

世事无常，唯爱永恒

我想起我自己的一段经历。这段经历里的人和事都已经不在了，但那些点滴的瞬间，刹那便是永恒。至今想起，仍如夜晚的灯火一样清晰。

我一直是一个音乐爱好者，在唱片时代特别爱买磁带、CD什么的。无论到了哪个城市，都喜欢先去唱片店里泡着。就像好多书迷对于书店的痴迷，那时候乐迷们对于唱片店也有某种执念和情愫。

现在，大多数城市里都不一定找得到一家唱片店了，即便在北京这样的大都市里也很少见。但倒退二三十年，北京那些专门卖欧美摇滚唱片的小店，大都欣欣向荣。还有广州的岗顶、上海的吴江路、天津的八里台，每天都聚集着淘碟的乐迷。那时候资源不多，人们只能从“打口”CD和磁带中听到更多类型丰富的音乐。

2010年之后十年成长起来的乐迷，大多是流媒体乐迷，想听什么就听什么。再往前则是“下载”的一代，大家讨论的是如何下载“无损”文件。而在互联网还没普及的时候，人们更感兴趣的是哪家打口唱片店又到了“尖儿货”。所谓“尖儿货”，就是名闻天下、被人慕名已久却又货源稀缺的打口唱片。每个人心中的“尖儿货”或许不同，但是满大街容易找到的，绝不是“尖儿货”。

我和朋友小佟当年在北太平庄开的那家卖打口唱片的小店，就是一家“尖儿货”如云的店。那是在20世纪90年代中期，北师大北面一条小街里面，有一溜儿铁皮房子，每个四五平方米的样子。自从我们在那开了一家店之后，边上也陆续开了几家打口唱片店。我们和他们的区别就是，我们店里不但“尖儿货”多，而且专门有一个柜台，摆满了让人垂涎欲滴的“大尖儿”，都是满世界高价收购来的精品。

有很多顾客每周都会到店里来，就是为了欣赏某些传说中的专辑实际上是长成什么样儿的。他们趴在柜台上，互相嘀咕：“哇，这就是那××呀，太牛了！”

在如今的互联网上，你几乎能找到一切想要的资源。而在当年，那些杂志中只言片语提到的摇滚英雄，那些被翻译得千奇百怪的音乐流派，一切都只是传说。我们这些打口碟贩子，站在一排排磁带、CD后面，就像摇滚音乐的布道者，来挑碟的小孩儿一张张翻出他们不认识的CD问：“大哥，这乐队是什么风格的？”柜台后面的人就会一脸骄傲地说：“这个你都不认得啊，我放给你听听。”

那时的摇滚青年都认可一种价值规律，越“尖儿”的东西，价格越贵。经常有人（包括我在内），吃糠咽菜就为了买上一张心仪已久的唱片。可是好东西太多了，如果都想拥有，那得吃糠咽菜多久啊。终于在一个月黑风高的夜晚，我们的铁皮房子被某个扛不住了的兄弟给撬了。我们损失惨重，不但丢了一些昂贵的磁带、CD，连带一台给大家试听用的飞利浦小音响也被卷走了。好在估计小偷准备不足，没能把所有东西席卷一空。

为了防止小偷回家听美了再次“光顾”，我和小佟决定轮流去店里值夜班。我们把家里最重要的家当之一——一张折叠弹簧床——搬到了铁皮房子里，铁皮房子太小，必须把门关上，才能打开折叠床，把床收起来才能打开门，但这也不能阻挡我们捍卫“尖儿货”的决心。我们每晚被某些声音惊醒，分辨这声音究竟是小偷撬锁，还是老鼠开会。

终于有一天，小偷又来了。那晚是小佟值班，他听见外面撬锁的声音，就猫在门后等着。那哥们儿撬开锁一推门，门咣当撞在折叠床上，小佟一伸手从门缝抓住了他的手。床没收起来，门就打不开。这俩人一个出不去，一个进不来，较了半天劲儿。后来那哥们儿终于挣脱了手，同时也发现了玄机，隔着门说：“有本事你出来呀。”小佟一边收床一边叫：“有本事你别跑。”

可等他开了门出去，外面早就没了人影儿。

不过自那次之后，那个小店就再也没被盗过，直到那条街被治理，一溜儿的铁皮房子就此消失。后来我们也转战过海淀图书城，也摆过地摊儿，也发生过不少有趣的事情。买碟的人和卖碟的人，好像相互之间早有默契，不管你到哪里，最终总会相遇。

如今，你想找一家唱片店，一边翻着碟、听着各种风格的音乐，一边研究着 CD 厚厚的歌词册子，一边和老板聊着某个不知名乐队的故事和传承，这恐怕是不太可能了。

时光流转，唱片已经过时，唱片店也消失了，年少时心中的音乐灯塔一盏盏熄灭，和我一起欢喜悲伤、相亲相爱的兄弟也不在了。

然而至今，我都忘不了有一个冬夜，在北太平庄的那间小店——那间四五平方米的铁皮房子里，送走了客人，我搓着手给自己放了一首 *Across the Universe* 听。那个寒冷的夜晚，墨蓝色的天空下，有一间漏风的小铁皮房子，里面有一盏昏黄的灯，有一台古老的飞利浦 CD 机，有一首流传至今的歌和一个感到幸福的人。

今日练习

这是一个关于“内在微笑”的练习。

找一个安静的不被打扰的空间和时间，舒适地静坐，但不要蜷缩地坐着，尽量舒展自然。

慢慢地呼吸，用你的腹部吸气，缓缓地呼出，再用腹部吸气，缓缓地呼出。保持腹部的呼吸，慢慢地体会自己的呼吸，体会腹部的一起一伏。

感受自己的思绪如空中飘浮的尘絮，缓缓地下坠。让自己安住在呼吸中。

让你的颈部放松，肩膀放松，腰部放松，手臂放松，双腿放松，你的全身都处于放松之中。

现在，慢慢地，放松下颚，微微张开嘴巴，尝试转换为用嘴巴呼吸。

然后感觉你呼吸的位置从腹部慢慢向上，越来越浅，转为用胸腔呼吸。

你的呼吸慢慢地从深呼吸转为浅呼吸，你的嘴巴微微张开，下颚放松，全身放松。你微张嘴巴，浅浅地呼吸。

觉察你自己，在某个片刻，你会觉察到有一抹微笑存在于你的内在。它不一定在唇边、嘴角，更多的是洋溢在你的内在，非常柔软、细微，就像腹部绽放了一朵小小的花。

这个微笑不是咧嘴的大笑，而是小小的、轻微的，像小小的花朵在开放。慢慢地，这个微笑遍布你整个内在，就像这朵小花的芬芳洋溢在你的整个身体中。

让自己感受这个微笑，沉浸在这种感受中。

任何时候，你都可以做这个练习，慢慢地熟练起来。每一天、每一刻你都拥有这个内在的微笑，你从未失去过它。

当你觉得可以的时候，结束这个练习。

在关系的尽头，体会爱的苏醒

爱是不会枯竭的，容易枯竭的只是关系。爱有时只是藏到人们难以看见的地方而已。我们看不到，因为我们的注意力放在了评判上，放在了对回报的期待上，也因为我们对暴露自己的脆弱感到恐惧，所以我们希望通过控制、操控来获得安全感和价值感。

你说，感觉和他的关系走到尽头，似乎爱已经枯竭了

你说，感觉和他的关系走到尽头了。你感到绝望，似乎爱已经枯竭了。你期待某一天醒来，你们的关系能长出一些新叶。但是，没有新叶。风一吹，那些青黄相间、幸存未落的叶子，也随风而去了。

你感到绝望，你感到你的爱、生命力也被埋葬在这段关系中，看不到未来。

我们都会陷入关系的困境中，从两个人眼中都闪着纯真的光亮到相互间都觉得对方糟透了，觉得自己也不够好；从两个人都满心欢喜地想要把自己最好的给予对方，到感觉对方给不了自己想要的，或者认为对方拥有我们想要的，但不给我们，而自己也在“得不到”的感觉中，再无力给予。

对很多人来说，这是一个从简单相爱到满怀期待，又从满怀期待到期待落空的过程。我们期待从对方那里获得什么呢？我们期待从这段关系中获得什么呢？

大多数的失望，来自你预设对方可以做到你想要的，但他没做到；你预设对方拥有你想得到的，但他没给你。你期待的不一定是物质或财富，也可能是被欣赏、有安全感，还有可能是快乐、幸福、圆满等。

在关系中，一旦你认为对方手里掌握着一些你需要的东西，但他没有给你，你就很难真正爱他。这个“对方”，也许是你的爱人，也许是你的父母、你的孩子，也许是你所在的组织。无论是谁，都是如此。

当关系进入到这个环节，往往你关注的焦点不是自己对对方的爱，而是你期待的满足——填补你的某种匮乏。在这一刻，你“爱”的是什么呢？是对方可能会带给你的那些古老匮乏感的满足，而并非对方那个人。

当然，我们通常很难把二者分开来看，但如果你想真正转化痛苦，就需要觉察那些细微的不同。做几个深呼吸，让自己平静下来，带着接纳仔细地看着发生的一切。毕竟，批判一个人——找个人为你的痛苦负责——是容易的，但除了你自己，没有人可以为你一生的幸福负责。

看一看这段关系，检视一下让你难过的部分，是集中于你付出爱的部分，还是期待回报的部分？对于很多人来说，付出和期待回报是瞬间发生的，细微得难以分割。这就需要更精密地把这两者区分开来。

有时候我们做不到这一点或是抗拒这一点，大多是因为我们还困于情绪或评判中，比如委屈、愤怒或“你就是个……”等。那么，我们需要先处理和释放这些情绪。当内心感到清晰和空明时，我们可以做任何选择，而无论怎么选择，都不会搅动自己那颗清晰而平和的心。

但如果陷入情绪中，大多数人只能等待事情有所转变，才能感到暂时的舒适。在这个过程里，我们就像被事件和情绪的巨手抓住，挣扎得再用力也是被动和徒劳的。通常我们处理情绪的方式——压抑、释放和宣泄——不会让自己获得持续的清晰和放松，在这一阶段所看到的选择和可能性是有限的。所以我们需要先做正确的情绪释放，找回自己的力量。

爱超越因果关系

有一些朋友觉得付出和期待回报是天然的因果关系——“我爱你不就是为了你爱我吗”“你不爱我，我为什么还爱你，这不公平”——那么他们一定还未品尝到真正的爱带来的幸福。真正的爱超越所有的有限，而交易和因果关系都处于有限的维度。

所以，我们可以试着放掉所有的因果关系，放掉所有的期待。你会发现，如果仅仅是别人爱你，你不一定感到幸福；而当你处于纯粹地爱他人的状态且无所谓回报的时候，你一定是幸福的。

有的朋友说，这听着很“不现实”，活在真空里吧？这不是我一个人的事，我就不信，就没有治他的办法吗？

这就像两个人同时溺水，你们紧紧拉着对方的手，你认为自己是被对方拉下水的，必须得等对方奋力游泳把自己救出来才公平。什么？你说我自己也能扑腾两下？我才不呢，凭什么呢？于是，他一松手，你淹死了。你死之后，人们会忙于批判他，但无论怎么批判他，你都不能复活。那些对他的批判，会非常受大家欢迎，但它们不能真正救你，也许，还会制造下一个你。——是的，这就很现实了。

我们总会期待他人改变，并且也认为他人可以改变，或者可以被强行改变，从而把自己拉出困境。我们就是在这样的“认为”中、在付出与期待回报的权衡中，消耗着自己的能量，在期待、失望、绝望的循环中，消磨一生。

这么讲，这条线索突然就变得沉重了，但也有另外一些朋友，就像刚才一样，做几个深呼吸，把注意力回到自己的中心，检视这段关系中自己心中的爱与期待。

检视之后，只要你试着让自己仅仅停留在爱中，而不是纠缠在期待和回馈中，就会得到片刻的宁静。这时，你很容易清晰自己的状态。你仍然处于爱情中吗？你仍然可以去爱吗？

然后，我请你再试着把这两件事分开来看：爱与关系。

关系是爱显化的道路

很多人把爱和关系画上等号，尤其是亲密关系，有时候也把爱和爱情画上等号。这和我们的成长经历有关，在相对传统

而严肃的家庭中，父母和孩子之间，很难说“爱”，直到我们知道“爱情”这件事时，才近距离接触了“爱”这个字眼。

同样，我们在关系中，才体会到了爱，所以我们就会做出一个关联，认为有关系才会有爱。

但是，没有关系就没有爱吗？并不是。关系是我们显化爱的道场，我们每个人都具备无穷尽的爱，我们只是把爱以某种形态，针对某个具体对象，在关系中显化了出来。比如对爱人的爱、对孩子的爱、对老师的爱、对家乡的爱、对兴趣的爱等。无论哪种关系，甚至一些敌对关系，都在检验我们显化爱的能力。

显化是什么呢？在我们目力所及之外还有更大的世界，从某个角度来说，那些“本已存在”而你却从未看到的事物，被你经历和体验到，就是显化。而你只有在某个振频上，才能感知相应振频上的事物。所以调整你的频率到达相应的振频，这就是显化的秘密。

我们具备无穷尽的爱，但在来到这个二元对立的世界之前，在没有相对性的维度里，我们不能体验到这无穷尽的爱。于是，我们来到了一个充满相对性的维度，进入一个具有相对性的关系里，有了一个具体的“对象”，我们就在与这个“对象”的相处中，体验到一个感觉更高的频率——那是你一直想要体验的、你本来就拥有的爱的频率。

对于很多人来说，如果他所处的关系很顺畅，这些什么爱不爱的都不是问题。只有在关系中遇到困难的时候，包括但不限于他陷入对这个关系的指责、对对方的评价、对自己付出与获得回报的不满中，他才会进入到一个“爱难以显化”的困境中。但这也并不意味着他没有爱，爱只是被上述一些干扰遮盖了。这里所说的爱，并不仅仅指对某一个特定对象的爱，也不仅仅指爱情。

即使这一段关系结束了，你仍然可以在下一段关系中显化爱。即使这一段关系结束了，你仍然可以带着爱去结束它，你心里没有憎恨、委屈等带有评判性的感受。

关系是会变化的，具有无常的特质，而你内在真正的爱是永恒的。真正的爱是不分对象的，你选择一个对象，只是为了让你在这个阶段体会到爱的感受和意义。就像古儒吉所说：“去爱一个喜欢你的人，没什么了不起。去爱一个爱你的人，你什么分数也得不到。去爱一个你不喜欢的人，你一定会在生命中学到一些东西。去爱一个无故责备你的人，你就学到了生活的艺术。”

每一段关系的目的，不仅是为了让你看到、经历到你内在爱的频率，也会让你看到、经历到在爱之上蒙上的干扰性的尘埃，找到并清理这些尘埃，也是体验爱的一部分。每段关系都像是一面镜子，在不同的角度让你最终认识到这一点。

爱是不会枯竭的，容易枯竭的只是关系

爱是不会枯竭的，容易枯竭的只是关系。爱有时只是藏到人们难以看见的地方而已。我们看不到，因为我们的注意力放在了评判上，放在了对回报的期待上，也因为我们对暴露自己的脆弱感到恐惧，所以我们希望通过控制、操控来获得安全感和价值感。

然而，你越是试图攥紧一股流水，那水在你手中消失得越快。你觉得爱在你的手中枯竭了，但是，你攥紧的手并不等于你，你手中的爱也不等于你全部的爱。

爱像一条河，总会找到自己的方式汇入大海，但不一定从我们预期的航道，不一定在我们预期的入海口，不一定以我们预期的形式，甚至汇入的不一定是我们预期的那个大海。

无论如何，爱总会找到它的方式；或者，爱就是方式本身。

今日练习

找一个无人打扰的时刻，让自己舒服地坐着，双手放在双腿上。闭上眼睛，做几个深呼吸，平静地和自己相处。

当感觉自己平静下来，可以搓一搓双手手掌，把手掌搓热。

然后把左手放在你的心轮（心脏附近、胸口）位置，右手放在左手上，即双掌交叠放在心轮处。

自然地呼吸，感受双手手掌的温度正在慢慢渗透进你的心轮。

感受手掌的温度带着满满的爱，正在温暖你的心轮，给你带来爱的抚慰。

慢慢感觉这份爱的温暖，从心轮扩散到你的整个身体，深入每一个细胞。

专注这爱的温暖、爱的流动。

现在，请你一边吐气一边慢慢地把双手向外打开，打开到一个你觉得舒服的宽度。

然后，在吸气时，双手再慢慢回到心轮。

呼吸和双手的速度，一定要慢，慢慢打开，慢慢回来，呼吸与动作同步。

感受你和宇宙之间爱的流动。

现在继续重复上面的动作。

现在，当你打开双手时，在心中对自己肯定地说："我有能力给予爱。"

当你收回双手时，在心里对自己肯定地说："我是值得被爱的。"

你可以重复这个动作、这些话，感受心中爱的温暖、爱的流动。

大约几分钟后，当你觉得可以了的时候，结束这个练习。

如果你在等待爱，就活出你在等待的爱

焦虑和担忧吸引不到喜悦和平静。只有喜悦和平静本身，才能吸引到更多的喜悦和平静。如果我们想要吸引持久的快乐，必须把自己调整到快乐的频道。如果我们想要幸福和爱，必须让自己先存在于幸福和爱的感受中。

在爱中，不存在“配得”与匮乏

她说：“我啥时候能遇见我未来的老公啊？最近还练习吸引力法则来着。”

我问：“你怎么练的呀？”

“具化形象啊。我每天观想我理想爱人的形象——一米八几、大帅哥、金融行业、幽默风趣、健康体贴，为什么他还不到来呢？”

“你有没有觉察过，当你想起这个爱人形象的时候，你心里有什么感受吗？”

“没有。”她说。

“那你感觉一下，这些条件对你意味着什么呢，或者说会给你带来什么感受呢？”

她想了想，一条条捋着说：“安全感、价值感、满足感——满足了虚荣心，感到开心、富足、被家人认可……”

这就越来越深入了。

在寻找伴侣的时候，无论是不是有意为之，其实我们都会具象于某个形象。这个形象，可能受从小到大接收到的各种信息所影响，比如一些小说、电影，或是一些明星、人们赞誉的某个对象。受这些信息的影响，我们觉得理想的爱人、梦中的男神或女神，就该长成这样。

之后每天琢磨的问题好像就剩下两个：我什么时候遇到（能不能遇到），他看得上我吗（配不配得到）。而后一个问题更重要。如果你没有足够的“配得感”，一般也很难真正遇到你想遇到的人；即使遇到了，你也会退缩，而不会认为可以得到；即使一时得到了，你也会在“害怕失去”所引发的控制和操控中，最终失去他。

那怎样才会有“配得感”呢？

我们是否意识到，当我们隐约察觉到这个“配得感”重要的时候，我们就会开始武装自己——无论是形象、装扮、身份、资产，还是气质、内涵。我们希望优化自己的价值，遇得上也配得上自己的男神或女神。

但慢慢地，你发现，你还是很难找到心仪的那个人。碰上的要不就觉得自己看不上，要不就觉得自己配不上。好不容易遇到一个旗鼓相当的，过上一年半载，也会发生变化，要不因为变得看不上了而嫌弃，要不因为感到配不上了而操控。

外面这一切，纷纷扰扰、热热闹闹，让你觉得好像得到了很多，但最后又总是感到一无所获。如果通过“外在条件”武装自己，以寻找“配得感”，那么你的注意力仍然会落在自己和他人“不够好”的部分。

你为什么想爱那个人呢？有时候你爱的并不是那个人，你只是用那样一个人填补自己的匮乏。然而，从想“填补匮乏”的欲望出发，最后总是又会回到匮乏。

藏在你最深处的那些“不配得感”与“匮乏感”，不会被外在的人、事、物持续填补，也不会因外在条件的满足而被持续填补。你真正认为你匮乏的，往往不是物质，不是知识，不是赞美，而是爱。

你希望通过被接受、被认可来填补爱的匮乏，可是怎么填也不会持续满足。其实，你认为你匮乏的爱，你一直都拥有。当我们通过向内的觉察、接纳和转化，释放掉匮乏性信念的干扰，真正的富足与爱就会显化。在真正的爱中，不存在配得与匮乏。

想一想，你寻找具备某些特征的伴侣，会不会只是为了满足因某些匮乏感而产生的愿望呢？你希望通过这些满足，获得什么样的感受呢？

亲密关系的吸引力法则

我们会自然而然地期待某个外在目标的出现，比如某个理想伴侣出现，这是一个自动化的反应。我们不太会想，为什么会期待这样的目标出现。

所谓帅、漂亮、有钱、霸道，这些都不是原因，你为什么想要这些才是原因。我们会把注意力聚焦在具体目标上，而看不到自己为何出发。

这难道不是天然的、自动自发的吗？

通常，我们会借由这些目标，让我们感到被欣赏、被爱，感到自己的重要、独特等等。这些需求的满足，让我们获得一些想要的感受，比如快乐、幸福、圆满和富足，比如平静和安定。你想不想要这些感受呢？

对于你想获得的感受来说，外在目标只是一个工具，而当注意力聚焦在外在目标上，这些目标也很可能会变成一种限制，限制你实现“获得感受”的方式和途径。你有无数方式和途径可以获得这些感受。

当你具备一定的阅历时，你会惊喜地发现，宇宙总是会给你最好的，而不限于你的预期。而我们往往会用预期限制了自己的视野，对身边展现的奇迹视而不见，与生命中的礼物擦肩而过。

如果你过于专注于某个类型的伴侣——无论是寻找他，还是等待他——你总是会陷入焦虑、担忧和自我怀疑之中。如果你处于焦虑和担忧之中，就会制造更多的焦虑和担忧。这显然与你希望得到的感受背道而驰。

你希望通过寻找伴侣获得快乐与幸福，但你在寻找中得到的却是担忧和焦虑，而担忧和焦虑只能吸引同样担忧和焦虑的伴侣，创造一段充满担忧和焦虑的关系。

一旦你在担忧、焦虑和自我怀疑中迷失，你就失去了当下。而你最美好的感受——喜悦、和平、爱——都只出现在当下，不会存在于“过去”和“未来”。

焦虑和担忧吸引不到喜悦和平静。只有喜悦和平静本身，才能吸引到更多的喜悦和平静。如果我们想要吸引持久的快乐，就必须把自己调整到快乐的频道。如果我们想要幸福和爱，就必须让自己先存在于幸福和爱的感受中。

怎样才能拥有幸福和爱的感受呢？你天然就有，与生俱来。

在我们还是孩子的时候，我们就拥有和享受着快乐、平静、富足与幸福的感受。这些感受不会因贫富而不同，也不会因时代、地域或种族不同而不同。

一个沉浸在玩泥巴、玩沙子中的孩子，他所感受到的快乐和一个玩昂贵玩具的孩子所感受到的快乐，没什么不同。不同点只在于大人们施加的想法、观点和定义，而我们在成长中对这些想法、观点和定义耳濡目染。我们越迷恋这些想法、观点和定义，就越远离快乐、平静和幸福。

如果我们想从理想伴侣那里得到快乐、平静、富足与幸福，我们就先回到我们的快乐、平静、富足与幸福。如果我们想被欣赏、被爱，想感到自己的重要和独特，我们就应先感受到自己对自己的欣赏、自己对自己的认可、自己对自己的尊重、自己对自己的爱。

当你具象化你理想伴侣、理想爱人时，可以感受一下，如果这个人出现在你面前，成为你的伴侣和爱人，你所获得的感受是什么？你可以把你的注意力聚焦在这些美好的感受上。

你体会到了吗？

是的，你可以体会到。

你之所以能体验到这些美好的感受，是因为这些感受你本来就有，一直就在你的心中。

在现实生活的压力下，我们会有一种错觉，觉得自己并不具有这些美好的内在感受。那是因为我们和这些感受之间，不知不觉竖起了一些障碍，就像我们忘了自己戴着墨镜就说天空很黑，就像阴天了似乎没有太阳，但你知道，太阳就在云层之上，始终存在。

外在目标，包括你理想伴侣的形象，只是你看到内在需求的工具和道具——用来学习探索自己，学习调节自己的频率。

你处在什么频率中，就会看到相同频率中的人、事、物。只有把你的内在频率调整到你想要的频道，你才会看到或吸引到这个频道中的人、事、物，包括但不限于让你显化爱的伴侣。

你就是主宰和塑造你生活的人，你是你所追求的，也是你所等待的。如果你在等待爱，就活出你在等待的爱；如果你在等待原谅与帮助，就为他人带来原谅与帮助；如果你在等待平静与喜悦，就以平静与喜悦的心，经历每一个当下，每一个日日夜夜。调整你的内在频率，意味着调整你的生命体验。你就是你在等待的一切。

如果你在等待爱，就活出你在等待的爱

大部分时间里，我们对自己缺乏觉察，所以会在所谓命运

的安排中，随波逐流。

我们一而再、再而三地重复某种模式：比如，反复找到相同类型的伴侣，并在与他们的关系上，一再碰壁；比如，即使找到不同类型的伴侣，也会不知不觉把不同的日子过成相同的模式；比如，在不同的关系中受相同的苦，屡试不爽，如有神助。

你说，我要的明明不是同一道菜，怎么吃来吃去，还是从前熟悉的那个味儿?

在我们生命初期，我们从无限的维度来到这个三维世界，开始体验到各种限制性的观念和束缚。我们选择了父母和家族，开始了一个在有限世界里穿越生命模式的游戏。在故事发生的初期，我们就获得了对创伤、恐惧甚至暴力的感受和体验。

也许故事情节我们早就忘记了，但这些感受却被深深地牢记在心。我们紧紧抓住这些创伤和恐惧很多很多年，我们熟悉它们，仿佛它们就是我们自己，以至于当我们想到放下它们，我们反倒不安，好像会失去自己。于是，我们就熟练地掌握了这个模式，好像这个模式也是我们自己。

但是，这个模式并不能让我们舒服，我们不想要匮乏和有限，我们想要快乐、富足和幸福。我们想要改变。

我们不喜欢，首先就会抗拒，而抗拒不能带来真正的改变。当你抗拒某个模式，你却偏偏会经历某个模式。我们越抗拒的东西，越和我们有着一些奇妙的牵连。比如有的朋友极不想找有暴力倾向的男友，可她越是把这一条显著列在抗拒清单第一位，她找到的男友，往往越莫名其妙地趋于暴力；而压根儿就没有这一要求的人，反而不太容易遇到暴力之人。

跳出这个模式，需要觉察、接纳和转化。这个过程同样可以应用在寻找伴侣的模式之中。在寻找伴侣的模式中，我们要有哪些更深入的觉察呢？

首先，无论如何，你会遇到在你灵魂进化中能够帮助你的人。其次，你曾经遇到的人，无论如何，都是在你灵魂进化中帮助了你的人。即便他们曾让你不舒服，你也会意识到曾经有一股强大的动力，驱使你体验这个不舒服，而你正是经由这个过程——体验这个不舒服、跳出这个不舒服——看穿命运的模式，找回真正的自己。这就是这个游戏的意义。

当你看穿了这一点，在你寻找伴侣的路上，你会拥有一个全新的视角。所以，你会遇到一个人，他帮助你进化和成长。那么，在你与他的关系中，你会得到哪些内在的成长和滋养呢？

当你带着超越生命模式的觉察，你会意识到，你和你的伴侣彼此都走在各自灵魂成长的路上，在关系中你们成为彼此的镜子，通过这面镜子，看到各自的阴影和挑战，看到在这人间游乐场各自面临的生命课题，也看到彼此的蜕变和更新、改变和成长。

这是关系最重要的作用。越亲密的关系，就越深入地映衬出这些信息。

所以透过“寻找伴侣”，我们在每个阶段都会收获不同层面的礼物——从要求外在形象、条件出发，到看到我们想获得的感受、我们的内在需求，再到穿越关系的模式、体验心灵的觉醒和成长。

当你清晰这条路径，你会看到你面前的这个爱人，无论他是否已经到来，无论他自己是否意识得到，他就是那个来帮你完成不同阶段功课的人。

当你以这样的视角，看向你的爱人，你会感到更多的平静和放松。你不期待证明什么，也不期待去完成什么任务。此刻，你的心感到愉悦、富足而幸福。

我想，没有什么比你此刻的目光更温柔的了。

今日练习

舒服地坐着，专注在自己对呼吸的感受上。

慢慢感觉自己聚焦于此刻，思绪如水中的杂质缓缓落下。

现在，请你观想你理想的爱人形象，他具有什么特征。感受和他在一起时，你内在的感受。

聚焦于这些感受，充分地体验、体会这些感受。

当你觉得可以了的时候，结束这个练习。

怎样才能遇见那个懂你的人？

你期待有一个人懂你的时候，你在表达什么样的需求呢？你又真的懂你自己吗？也许你的需求是希望获得安全感，希望获得认可和欣赏；也许你希望他对你的反应让你觉得自己“够好”“够值得”，让你觉得自己值得被爱；也许还有更多的需求、更多的期待。

遇见一个懂你的人

你说：你遇到的人好像总是不懂你，总是让你失望。

你听人们说，人生中会遇见爱你的人，但却难得遇见懂你的人。所以一想到自己遇不到一个懂得自己的人，就让你倍感孤独和惆怅。

这让我想起了一个故事：

据说，在特洛伊古城考古挖掘的时候，一位考古学家发现了一面古铜镜。古铜镜背面，雕刻了一段非常古怪的铭文。这位考古学家用了毕生的精力，也无法破译其中的奥秘。后来，这面古铜镜就一直放在大英博物馆里。很多年以后，有一位年轻人——当年那位考古学家的孙子，来到了博物馆。他请博物馆馆长拿出了当年的古铜镜，继续研究着上面的文字。一次偶然，年轻人用一面普通镜子，照着古铜镜上的铭文，并且回看普通镜子里的文字，终于发现了其中的秘密。原来，这行铭文是将古希腊文以镜像方式雕刻上去的，所以文字是反的，方向也是反的。

博物馆馆长也是一位古希腊文专家，他看到镜中反射的文字这样写道："致我最亲爱的人：当所有人认为你向左时，我知道你一直向右。"

特洛伊古城的战争故事，始于特洛伊王子帕里斯偶遇斯巴达王后海伦，两人一见钟情，美丽的海伦跟着帕里斯私奔到特洛伊，由此引发了特洛伊古城长达十年的战争。那么，铜镜上这句话会不会是海伦写给她备受谴责的爱人的呢？

年轻人看到这句话终被破解，叹了口气，感慨道："可惜我祖父花了毕生精力，也没能破解，他真是浪费了一生时间，结果竟然如此简单！”博物馆馆长听了，沉默了一会儿，淡淡地对年轻人说：“或许你以为他一直向左，其实他一直在向右。”

年轻人听罢馆长的话，也陷入了沉思。

我知道你一直向右

回到那句话。假设它是海伦写给她爱人帕里斯的话，也许你会感动于海伦的“懂你”。帕里斯因为与海伦的情感纠葛而被围困、被谴责，而海伦在表达：当所有人都看到你的表象、误解你的行为和目的时，作为你的爱人，我真正懂你，我知道你最想要的是什么——即使全世界都与你为敌，我也站在你的身边。

的确，生命中难得有人懂你并且信任你，给你无限支持，这是人们都想要的。你和你的伴侣也都想要。

有时候，你的伴侣对于自己的行为，有可能他自己都无法理解，但你却能看穿他背后隐藏的爱。同样，也许有时候你也无法解释自己为何如此，但你的伴侣却比你还懂你自己。

故事里的年轻人，最初无法看透他祖父的那些意图，祖父毕生努力的背后，仅仅是为了一个结果吗？如果仅仅为了一个结果，那么相较于得到的这个结果，祖父毕生的努力似乎显得不值一提。但如果想一想，这位老考古学家通过他的方式，在向人们表达什么？世人得到了哪些激励和启发？他是否在阐述他自己？他阐述了什么？这仿佛就又多了一些启示。

无形之中，每个人选择他自己的生命历程，即是他表达自己生命价值的方式。如果另一个人能真正看到他用自己的生命历程在表达什么，这个人就是一个懂他的人。也许你懂他行为背后的情感，也许你懂他情感背后的信念，也许你懂他被信念推动的命运，也许你懂他命运背后灵魂的目的。

最懂你的那段关系

那个“不懂你”的人，在他“不懂你”的背后，还深藏着什么呢？也许，你以为他一直向左，其实他一直在向右；也许，你以为你像“他所不懂”的那样，在向左，但其实，你像他所映照的那样，在向右。

他像一面镜子。

“这面镜子”自己也不清楚他之于你的作用，而当你认出他是一面镜子，你就可以清晰地看见他之于你的意义。

你期待有一个人懂你的时候，你在表达什么样的需求呢？你又真的懂你自己吗？也许你的需求是希望获得安全感，希望获得认可和欣赏；也许你希望他对你的反应让你觉得自己“够好”“够值得”，让你觉得自己值得被爱；也许还有更多的需求、更多的期待。

如果你一直期待某个人可以给你什么，而这个人却一直没有给你，那么这个过程在向你提示什么呢？

那个人并没有你“想要”的。你所需要的这些——填补内在匮乏、寻找自己的完整、认出自己的本来面貌等等，这些需求只能通过向内探索，认出自己的完整无缺而获得。

你想找一个懂你的人，你一直想得而不可得。你一直以为自己向左，其实你却一直向右。如果我们自己都不懂自己，又怎么能认知到别人是否懂你。那个懂你的人就藏在你的心中，就如你一步一步到达最深的自己，每一步你都会遇见一个不同层次懂你的人。而这每一步中懂你的人，都是同一个人。

你说：这么说，我懂自己也是一知半解，那我怎么能认出那个最深的自己呢？

遇见你自己的大师

每个人都希望遇见一个人，他可以懂得你“最深的自己”。他是一个真正透彻而慈悲的人，他能清晰地了解你，接受你过往生命流转的一切经历，接受你在经历你完整的灵魂的旅程。不会评判，不会抗拒，也不会恐惧，他会以这样的方式来看待你。

这样的人，当然不见得好找，你只有调整自己的振频，才会遇到或者认出那个相应振频的人。就像宗萨仁波切说的：“你必须拥有很大的福德，才能遇到那个把你唤醒的人。”遇到他，你也不一定认出他；认出他，你也不一定愿意醒来。

有的朋友担心，那我不遇到这样的人，怎么能调整我的振频呢？

在我们每个人内心的最深处，都住着这样一个人——你可以称他为你内在的导师。他可以接受你的一切，不评价你，不评判你，只是给你指导。他关注你最终是不是能达到你的“更高目的”，而不仅仅是你眼前所思所想、所焦虑和困扰的一时一地的得失。

在这条“半梦半醒、将醒未醒”的路上，听到自己内在导师的声音，是很重要的。他即是完整的你的一部分——或者说“你”是他的一部分。

我们通常会以评判、思虑、欲望和情绪遮蔽掉这些声音，我们听不到，我们的注意力不在那里；或者即使听到了，也会忽略和屏蔽掉它们，我们可能认为这些声音无法理解，对我们没有用。但那个声音一直耐心地等着你，它一直与你同在。当然，它不一定是具体的声音，它也许是其他任何形式——你的直觉、梦境——都可能是这个“声音”的一部分。

无论如何，你一直都在你灵魂的航线上，你的心中一直有一股力量，帮助和指引你穿越无数个生命旅程，去实现灵魂的意图。

那个真正懂你的人，他不仅仅是懂你想说而说不出口的话，懂你意识不到的潜在需要，懂你此生的愿望和挑战，他还在你内心最深的地方，他懂你灵魂的目的。

你的内在的确有着这样一位导师，不然谁带着你来到这里，看到这些没什么现实意义又没什么逻辑和依据的信息呢?

找到他，或者说回到他，听到他的声音，无须外求，你内在的大师即是最深的你自己。

你可以在夜深人静的时候，试着放空你的评判、思虑、欲望和情绪，与他对话。没有期盼，也不掂量结果，不抗拒、不猜测、不分析，你在心里对自己说：我内在最深的灵魂导师，请给我指引。

我相信，在往后的日子里，你会遇到那个懂你的人，我相信你每天都能看到他。你懂他，他懂你。

每天站在他面前，你就能看到最深的你自己。

今日练习

找一个舒服的地方静坐，保持上身的直立。

做几个深呼吸。

把所有的注意力归于自己的内心。

在呼吸中，感受自己此刻的心。

无论什么感觉，无论有没有感觉，都没关系，就只是静静地感受。

和自己的感受在一起，静静地待上一会儿。

然后，请你回想三个人，在他们身上，你体验到什么是爱。

自然地呼吸。慢慢地回忆与他们相处的日子，回忆他们是如何潜移默化影响你的，如何教会你“什么是爱”。

沉浸在这种感受中。

当你就觉得可以的时候，结束这个练习。

然后，你可以把你从他们那里学会的，分享出去。你可以分享给你爱的人——你的伴侣、朋友，或是任何你爱的人。你也可以写下来，分享给你自己。

一段关系结束，爱会消失吗？

每个人都有要接受的命运挑战，都有要穿越、超越的生命课题，“关系”就是演绎这些挑战和课题的重要场景。但即使我们在一段关系中完成了挑战，也并不一定意味着这段关系就必然会“圆满”。许多关系会结束，会被放下，但你内在的爱并不会因此而消失。

两个人的关系会产生一种叫“我们”的能量

你说，我不想让爱情变成亲情，但我和他似乎就这么渐行渐远，彼此失望已经习以为常。有时候想，分开算了，但感觉我们之间还有着说不清的丝丝联结。我总觉得对于这段关系和感情，还可以再努力点燃一下，可是害怕自己仍然会失望。

的确，我们看到，许多亲密关系都有相似的阶段。从全情投入的如胶似漆，到无可奈何的“相敬如宾”。就连冲突，也从一开始的可以促进了解的催化剂变成了最后加速终结的导火索。

你也可以观察到，在关系最美好的阶段，关系中的两个人都在为这段关系付出，而关系终结往往来自双方都觉得再也不能从这段关系中得到什么。

两个人的关系会产生一种仿佛独立于两人的能量，一种叫“我们”的能量。这种能量在爱的高频振动下，产生强大的旋涡，反馈给双方幸福和力量，或者说，与双方自身的幸福和力量同频共振。

爱如花香，需要不断滋养和开放，才能持续散香。要想让关系有活力，就不能视关系为凝固不变的一纸约定，不然关系就像给花拍了张照片，很容易失去它的味道，降低它的能量。爱化为行动，就是付出，当你感到你的幸福和力量本自具足，你也会付出。一段美好的亲密关系，意味着两个人都处于爱与付出的高频状态，两个人也因此享受了一段高频的关系。

然而情景总在变化。当外界情景的刺激趋于平淡，如果我们仍想要保持自己高频的状态，就需要我们内在的持续成长。所以，这种叫“我们”或者叫“关系”的能量，需要用你的爱浇灌它的爱，用你的成长滋养它的成长，用你的频率带动它的频率，它才会不断散发着它的芳香。而回馈给你的，一定是更大的领悟以及一生的礼物。

拥有一段双剑合璧的爱情

有一个故事，挺有代表性：

约翰尼·卡什（Johnny Cash）是一个传奇的乡村音乐家，是除了猫王之外，唯一既入选乡村音乐名人堂，又入选摇滚名人堂的音乐家。2005 年的电影《一往无前》展示了他和琼·卡特（June Carter）几十年的情感经历。

琼小时候，是个乡村音乐的童星。当约翰尼还是孩子时，他就迷恋收音机里琼的歌声，为此没少挨骂。直到有一天，初出茅庐的约翰尼终于在舞台上遇见琼。他在后台凝视着琼演出的背影，眼睛再也无法移开。后来，他们终于能一起站在舞台上。他们用眼神与音乐交流，配合默契，天衣无缝。琼对约翰尼说，你怎么能唱出如此动人的歌声呢，平稳如火车，锋利如刀刃。

他们相互理解和尊重，因为他们都拥有无法选择的童年、坎坷的婚姻，以及不停奔波于巡演舞台的艰辛。单打独斗的时候，他们只是两个无助的天才，在压力下形单影孤，无法突破。而当他们相互依存，相互支撑，他们两人就能抵抗无处不在的压力，勇敢地走向不知去向的未来。

1965 年，约翰尼涉嫌企图在吉他箱中走私毒品被捕，事业和名誉跌至低谷。这时，琼放弃一切，全力帮助约翰尼重拾信仰。1968 年 1 月，约翰尼在福尔松监狱举办了一场复出演唱会，演出轰动一时，现场录音在排行榜上停留了 90 周。演出的第二个月，约翰尼在台上向琼求婚。穿越了 10 年的坎坷恋情，他们终于走到了一起。

2003 年 5 月 13 日，琼因为心脏手术并发症，于乡村音乐之都什维尔去世，同年 9 月 12 日，约翰尼也因病去世。

当我们称一段爱情为“伟大的爱情”时，往往因为这段关系本身燃烧着巨大的能量，并且帮助关系中的两个人成长与改变。而为这段关系添柴加薪的，正是关系中的两个自己，在这个过程里，他们印证了自己即是爱的付出者、收获者和拥有者。

这也让我想起了金庸笔下的杨过和小龙女，他们名震天下的剑法来源于两人的关系。这种关系是对等的而不是倾斜的，各成一派却又心灵相通。他们分开的时候，各有不足，但只要他们在一起，他们就是世间顶尖的高手，没有人能够抵挡他们双剑合璧的力量。

关系的质量来源于爱的创造

有时候我们会抱怨，我们和伴侣的关系时冷时热，让我们享受的热度总是不长久。我们下意识地认为，自己感受到的热度是由对方带来的；但其实，你感受到的热度只取决于你内在的火焰，与对方无关。

当你觉得有什么是需要通过关系带给你的，你就会对关系和对方有所期待。你期待获得的也许有很多，比如浪漫的情话，比如富足的生活，比如每时每刻的情感温度，比如天长地久的幸福感受。

你期待从关系中获得的，也是你期待你的伴侣可以给你的。同时也意味着，你认为你的伴侣拥有你想获得的。即使今天没有，那他也拥有“明天可以有”的能力。但是随着时间的推移，当真有一刻，你觉得你的伴侣拥有你想要的，但他却没有给你，那么这一刻你就不会真正爱他。这一刻你不在爱中，你认为他有你缺乏的东西却不给你，他糟透了，自己也不够好。

只要你没有真正在爱中，对于这段关系，你就很难贡献你的热度。你感到关系“降温”了，关系的能量频率也下降了。而对这一时关系的降温或者降频，通常你的观点是，这都是因为他不给我我想要的东西，都是他的错。这时你陷入指责和情绪中，于是，更多的阴云遮蔽了你内在爱的阳光，你甚至觉得根本就没有爱。

你和他的“关系”，就像你们共同创造出了另一个具有能量和频率的东西，它与你们各自的能量和频率共振。而你只能感受或者共振到与你此刻频率相匹配的能量频率。爱是你能感受到的最高振频。当你不在爱中，你的频率就从爱的频率下降，这意味着你只能感受到关系中较低频率的部分。于是，你对关系的未来以及长久性产生进一步的担忧。担忧的频率，会再次让你注意到引起你担忧的现象，你会看到更多的失望，你的频率进一步下降。

这个螺旋式下降的过程会一直持续，直到你从担忧的频率中解脱出来。当你对自己“放下屠刀”，你会立即感受到内在频率的“立地成佛”，你会再次感受到关系中那些相对高频的能量部分，那些爱的部分、感激的部分，等等。

所以，那些真正让人艳羡的“天长地久”，是一种双方持续处于爱的频率中自然产生的现象，而不是一个靠艰难维持而努力达到的结果。

通常人们评价一段关系，认为“长久”就是“好的”，而这个“好的”反而成为我们的枷锁和限制，让我们处于对未来的担忧和恐惧之中，处于“不够好”的自我评价和匮乏感受之中。而关系中最重要的，不是被评价为“好的”还是“不好的”，而是你是否常常处于爱中。爱的频率决定了关系的质量如何，也决定了这段关系为你反馈什么。

关系是镜子，是参照物，帮我们看到我们内在的爱。关系帮我们调动并验证我们本自具足的爱，而我们也以本自具足的爱来滋养它。在同频共振中，我们收获了从关系中映照出来的快乐、幸福、丰盛和力量。而反观这个过程，我们也看到它映照出我们的成长。如果双方都在此段关系中得到成长，那么这段关系必然就会走向长久。

一段关系结束，爱会怎么办?

每个人都有要接受的命运挑战，都有要穿越、超越的生命课题，关系就是演绎这些挑战和课题的重要场景。但即使我们在一段关系中完成了挑战，也并不一定意味着这段关系就必然会“圆满”。许多关系会结束，会被放下，但你内在的爱并不会因此而消失。

一段关系的结束，往往来自双方为之提供的滋养更新得不足够、不同步，以致不再具备可以提供成长的频率资源。这并不是谁的错，也不只是一个人的事情，这其中的感受是非常主观的。

如果你觉得这段关系对你来说，如同果实成熟般地自然脱落，那也许你在这段关系中需要经验的东西已经完成了，你毕业了；如果你只是想逃个课，逃避在其中成长的责任——也只有你自己知道，生命的课题是永远逃不掉的——你还得再找另一段关系继续补课。

无论如何，这些课题最终都是为了拨开阴云，让一直都在的爱的阳光把自己点亮。

无论是关系还是你自己，每一刻都是全新的。即使在同一段关系中，今天的能量和昨天的能量也是不同的，今天的你和昨天的你也是不同的。当你要创造一段美好的关系，你需要通过关系的镜子时常觉察自己的频率。当你总是处于内在的爱中，你会有意识地自我更新。这是一种对关系也是对自己的付出，反馈给你的则是时刻拥有富有新鲜感的关系。这也会帮你时刻带着好奇心去畅游生命的河流。

所有的关系都在提供场景，让你学习如何在生命中显化爱。

当你每时每刻都因为爱而付出，而不是因为要维系什么、要得到什么而付出，不是因为担忧将来、惋惜过去而付出，那么即使这段关系结束，你也不会遗憾得要拼命抓住它不放。因为你知道，你的爱仍然能量满格、鲜活透彻，那不一定是针对某个人的爱情，而是内在本自具足的爱。

如果你在关系中陷入进退两难的纠结，你可以把你认为要考量的重要的部分列出来，哪些是属于爱的部分，哪些是属于非爱的部分，也许你就会得到清晰的答案。当你不知道怎么办的时候，可以问问自己，爱会怎么办?

无论你有什么样的选择，用你的爱去滋养你愿意滋养的关系，这与另一方是否滋养它无关，它只是你修行的道场。

约翰尼·卡什在琼 65 岁的时候，给她写了一封信，他说:

> “我们渐渐变老，也习惯了彼此。我们想法相似、心智相通。我们无须张口询问就能知道对方想要什么。偶尔我们也会惹恼对方，也许有时候我们把对方当作理所当然而缺少珍惜。但是某些时候，比如今天，我沉思后发现，能与我遇到的最棒的女人共度这一生，我是何等幸运。你使我着迷，同时又激发我的灵感，你使我成为更好的人，你让我变得更加美好。你是我渴望的对象，是我存在的唯一理由。我非常爱你。”

每一段关系都依你最高级别的蓝图，给你需要的体验和成长。

日子疯狂闪亮，岁月痛快情长。感谢与你一起或曾与你一起浇灌这个叫“我们”的能量的人，感谢他来帮你在这一生体验爱。

今日练习

找一个无人打扰的时刻，让自己舒服地坐着。

闭上眼睛，做几个深呼吸，让自己平静地和自己相处。

将双手交叠放在你的心脏的位置，感受手掌的温度正随着你的呼吸，进入你胸腔的中心——你的心轮能量中心。

自然舒缓地呼吸，感受手心处轻柔的、爱护的能量正给你温暖和肯定，就像阳光渗入大地。

放松地感受这种被关爱的状态。

想象你的心中有一片沃土，长着生机勃勃的小草，自己的任何特质都可以在此开出属于自己的花朵。

这些花朵恣意生长和绽放。

想象每一朵花都来到你面前，在你眼前绽放。它们是什么形态？是什么颜色？有什么样的香气？

想象你和每一朵花同在。

每一朵花都意味着你的爱，每一朵花也让你感受着爱。每一朵花都爱着你，你也感谢每一朵花的盛开。

想想自己拥抱着所有的花朵，感受你和它们一体的圆满和温暖。

在这个状态下，静静地感受，和自己待一会儿。

当你觉得可以的时候，做三个深呼吸，慢慢地睁开眼睛，结束这个练习。

对于期待的幻想，是毁掉一段亲密关系的开始

你反复遇到失望，期待落空，只是在不断提醒你，你找不到另外那个能填补你的一角，而你自己就是那另外一角。

我希望他负起责任来

你说："我希望他能承担起更多的责任——他应该承担责任。"说的时候，透着些抱怨和委屈。

我说："是啊，我们都希望伴侣做好他'该'做的，也希望伴侣能在我们需要关照的时候，帮我们一把。但通常，我们会失望——即使第一次满足了，第二次也会失望；即使第二次满足了，第三次也会失望。当然，我们总是会记得最后那一次，因为那一次的失望是叠加了以往每一次失望的总和。"

我们希望把生活变得完美而圆满，但是我们自己可能有心无力，所以我们都希望有个完美的伴侣。比如，我们希望得到一个安抚、一个肯定，但我们自己做不到，所以希望有一个可以给我们安抚和肯定的伴侣；我们希望生活富足，看别人时不那么气馁，所以希望伴侣可以改变，挣更多钱；我们希望孩子能如我们所愿地成长，所以希望伴侣可以有时间做个“好”爸爸 / 妈妈。

希望自己的另一半能改变去承担更多的责任，是一个很正常的愿望和期待，但是同时也在把事情变得复杂。因为要解决的已经不仅是事情本身，还需要解决“期待”引发的满足感。事情的结果，已经不再是事情本身，而是“我的期待能否被满足”。

但，有期待就一定有失望。

伤害我们的往往不是对方做了什么，而是我们的期待。而我们为什么会有此期待呢？满足这些期待对我们意味着什么呢？期待满足了我们哪些潜在的需要呢？填补了我们哪些内心的坑洞呢？这就变成了一个可以让我们成长、给予我们滋养的课题。

如果他做到了你所期待的，你收获了什么？

生活中，有很多要与伴侣一同面对和解决的事务，比如辅导孩子、照料双方老人、家务工作、挣钱养家等。有的时候，双方可以划分责任，但也有大量空白区域，而且往往责任划分是动态的，一方顾不过来时就希望另一方帮一把，帮助承担更多。

如果所有责任都遂心愿地分配并完成了，你会有什么感受？也许你会有满足、幸福、安全感、存在感等美好的感受吧。

在涉及情感的关系上，如果双方不能在关系中持续感受到满足、愉悦、安全，以及独特性和重要性等的时候，这段关系一般就会渐行渐远。

在普通的关系中，如果不能各取所需，大家就会逐渐分开，这是关系中潜在的“交易”。但是婚姻或者情侣关系有所不同，因为这种关系似乎意味着一种承诺，你觉得你必然得在他那里取你所需，他也如此。

在双方都乐于付出的阶段，这都不是事。但生活总会一地鸡毛，心灵做主的爱和付出，会渐渐让位给头脑做主的平衡与算计，于是在这种有承诺约束的关系里，就会体验到更多的矛盾和冲突。

家庭关系，包括婚姻关系，因为有着更多的约束和天然的联结无法割离，所以会产生更强烈的冲突，感受到随时随地的抵触和对抗。我们不能像在其他关系里那样，轻易淡化和分开，我们不得不处在这些对抗中，不得不把注意力放在冲突上。直到有一天，我们意识到，这些外在的冲突正是我们内在冲突的投影。

这份成长帮助也迫使我们翻转视角，一层一层站在更高、更广的地方，在那里向“下”看，你会看到你创造了这个故事，以让自己回到内在的“投影源”，从而突破这个故事，体验自己真正“是谁”。

爱是你收回自己的力量

我们都会对伴侣有所期待，最常见的就是说：憧憬在未来某天你可以给我幸福。

我们总是觉得“幸福”在一个遥远的别处，需要一些我们没有的条件才能把幸福带到身边。这个充满戏剧性的过程，组成了浪漫而跌宕起伏的故事。

在确立亲密关系的初期，我想很多人都想过这个问题：我能不能给他幸福？我能不能为他的幸福负责？

然而，我们不能。即便这听起来一点都不浪漫。

当你试图为另一个人的幸福负责的时候，意味着有一个动力在转移他为自己幸福负责的力量，意味着一个人要把自己的力量交给另一个人。同时，这也意味着在不远的将来，你可能会摆动到另一端——你也期待他可以为你的幸福负一点责。当你想他能不能为你的幸福负责的时候，你也同样在把决定自己幸福的权利和力量交给他人。

后来的故事就是，两个人都会失望。故事就在反反复复的期待与失望、点燃与熄灭之间一来一往地推进着。

你说，照这么说，谈恋爱、结婚有什么意思啊？

那要看你怎么定义“有意思”。

爱，意味着你支持一个人拥有自己的力量，也意味着你支持一个人从无力的状态中醒来，拿回自己的力量。

爱，让你为此付出。而你得到的，是你也收回了自己的力量，你印证了你爱的本自具足——因为我们无法给出我们没有的东西。

你可以从容应对关系的变化，协调责任的分配，但你已不受情绪和评判的困扰。你处于内心的和平中。

这多“有意思”呀!

没有一个人可以为另一个人的幸福负责，期待别人为自己的幸福负责往往就意味着无法幸福。站在成长的角度上，当我们思考：如果我为我的幸福负责，我该怎么做？那么，我们可以拿回自己的力量，把注意力从非爱的部分，拉回到爱的部分。

你也许体验过，当你真正爱别人时，会感受到强烈的幸福，这种感受比得到别人的爱强烈得多。

爱是一个名词，是天然无我的高频状态；爱也是一个动词，是你以你的行动，让他人和你都回到自己的爱的频率。

爱是回到圆满和完整

让我们再进一步。

我们都会对伴侣有所期待，往往缘于我们认为自己所拥有的是不完整的，我们认为自己也是不完整的。这是一种基于分离而形成的信念。

“出生”代表着一个重要的分离，自从我们经历分离，我们就很难感受“完整”，感受到的大多是缺失和匮乏。于是，我们需要经由别人让我们感到自己是重要的，是独特的，让我们感到自己是被无条件爱着的。“需要”产生期待，我们期待自己需要的这些东西能被伴侣所填充和满足，同样伴侣对我们也有同样的期待。

我记得以前看过一个漫画，大意是每个人就像一个不完整的圆，一直寻找着自己缺失的那一角，但找来找去，总是碰不到恰好能和我们拼成一个完整圆的对方。在平常生活感悟的层面上，寻找和适配的过程会让我们意识到寻找的艰难，也感受到缘分的珍贵。人生起伏、世事变迁，生活总是在变化着，那么，相互不匹配的地方总会出现，所以我们也总是会失望，会在深夜里反复咀嚼遗憾，甚至会长期浸泡在怨恨的痛苦中。

翻转视角，意味着在更进一步的层面上，你能意识到、体验到，你不是在寻找另外一个人，而是在回到那个完整的你自己。

当我们以“我不完整”的信念生活，自然会去外界寻找可以填充自己的东西，期待它们让自己变得完整。但我们会反复经历期待和失望，每次失望都再次印证“我不完整”的信念，而这个对完整的匮乏让我们再次上路。这个循环久而久之就成了所谓的命运。直到你意识到你期待从外界获得的东西，永远无法填补你，你才开始跳出这个循环。你认识到一个以往没有认出的自己——你并不是那个缺了角不完整的圆，你拥有可以满足你自己的爱。

这时，你收回你的期待，收回你的力量。你收回你的期待，不仅是收回你对伴侣的期待，更是收回你对自己的期待。你就是完整的，你不需要期待你“变得”完整。从此，你遇到的都不再是终将失望的“坑”，而是印证自己幸福和完整的礼物。

你反复遇到失望，期待落空，只是在不断提醒你，你找不到另外那个能填补你的一角，而你自己就是那另外一角。

你对自己的爱，往往透过你的关系呈现出来：那些不如意的关系告诉你，你在哪里可以承担起爱自己的责任；那些圆满如意的关系告诉你，你对自己的爱，本自具足。

生活中的一切故事都是剧情和道具，最终帮我们把更多的时间和关注放在爱上，释放非爱的部分，体验真正的满足和幸福，享受生活的乐趣。

今日练习

这是一个关于等待的练习。

在钟表或手机上设置一个五分钟的倒计时。

在这五分钟内，我们以正念的方式等待提示铃声的响起。

请你舒服地坐着或者站着，在附近找一件好看的物品，无论是一株植物，还是一件物品，或一座建筑都可以，请你放松地凝视着它。

留意它的形状、颜色等。觉察自己的感受，你喜欢它吗？你对它好奇吗？

同时你也留意周围环境的变化，比如声音、光线的改变。

如果有思绪、情绪浮现，就只是看到它们，就像你看到环境中光线和声音的改变。

就只是看到它们，不做任何反应，它们会自然消失。

如果你意识到你被思绪、情绪带走，“意识到”本身就是一个好消息。你可以再次聚焦于那件物品。

当倒计时提示铃声响起时，你就可以结束这次练习。

你等待的那一刻，即使没有到来，过程也仍然是圆满的。

下一次，可以再设置长一些时间。

我们用心相爱，又用头脑分开

当我们没有觉察自己是“处于爱中”还是“陷于头脑中”时，我们往往会处于思绪、情绪的“自动导航”状态，我们也会不断需要一个个理由，来佐证我们的爱。

让你受到伤害的不是真正的爱

当你每时每刻都处于头脑的逻辑运作状态时，你并不容易体验到内在的爱。

对于我们的体验来说，爱情这个“设计”会帮你体验到你拥有超越头脑的爱的部分。爱情使你通过一个对象，体验内在的爱。

你如果体验过这种无所畏惧的爱情，就能感受到一种靠头脑无法理解的内在频率，一种颠覆性的震撼。你会感到这一刻你爱着他，天雷地火，不可理喻，好像你以前和这个人有过约定，要在这一生体验一种超越“自我”的感受。在这一刻，“你”消失了。

然而，在离开这一刻时，我们又会感到困扰，我们习惯了要用头脑去理解和确信刚才的感受，而我们很难信任并臣服于这种感受，很难相信自己处于爱中。在这一刻，“你”又回来了。

长时间所处的社会环境，让我们习惯通过验证来确信。因为那处于爱的一刻，离开了头脑、逻辑以及前因后果，我们会觉得它不“真实”。然而我们不知道，感受才是属于当下的真实，而故事则是离开了当下的虚构，但我们的头脑会更相信可以分析、判断并有前因后果的部分。

有时候，这种“不信任”也来自我们受到过的伤害，我们害怕再次受到伤害。于是，我们尽量关闭我们的感受，靠逻辑来筛选接收到的信息——无论是来自外界的信息，还是来自内在的信息。这样，我们很难体验尽情投入到爱中所带来的感受。

你在爱情中受到的伤害，往往并不来自“你爱”，而是来自“你期待”，来自你没有收到相应的“情感回报”。或者说，你受到的伤害并不来自“你有多么爱他”，而是来自“他有多

么爱你”，来自你对“他有多么爱你”的期待的落空。

但你很难分辨这其中的差别。因为分辨和验证都是在头脑中发生的，而爱的感受则来自你的心。在头脑中，我们只能设定一些条件和标准，当这个人满足了这些条件和标准并通过某些考验时，我们说：好，他可能是爱我的，我可能是爱他的。这个过程并不是基于感受，而是基于自我说服。

当然，你也很容易发现，受骗也是基于同样的过程：许诺你所期待的——满足条件——通过考验——投入付出——期待落空。这下好了，头脑也有不灵的时候，这太可怕了，于是你关闭了对爱一个人过程的享受。

爱是一种打开的能量，怕是一种封闭的能量；爱让你敞开并强大，怕使你收缩和脆弱。让你受到伤害的不是真正的爱，恰恰是没有觉察的怕。

爱是一种可以放下头脑的能力

我们可以仅仅用头脑来推进我们的生活，不相信也就不上当，不付出也就不吃亏，一切交往都可计算投资和回报，一切关系都能衡量盈亏和产出。那么这一生，作为高等动物的我们无疑是成功的，但作为一个可以活出更高频率的“人”，我们就会感到有些缺失和遗憾。

仿佛我们没有 “心”，我们不懂得什么是“爱”。

旁人无法亲身体验你的爱，所以旁人只能用头脑去帮你分析“爱”，但爱是无法分析的，就像我们无法用圆规衡量太阳之于我们的意义。但这并不是旁人的错。他只能是这样，除非他具有强大的感同身受的能力，即使有，他也无法量化你的爱。同样，你自己也无法用你的头脑量化你的爱，它们不在一个频率上，甚至不在一个维度里。

头脑是我们生活的工具，这是它的工作，也是它运作的机制。通过头脑的分析和判断，我们能达成一些推理、一些解释、一些合算的交易。但头脑无法分析爱。如果在这一瞬间处于爱中，那你就享受了这个爱的瞬间；如果试图用头脑判断，你就会怀疑这种感受。于是，当你对爱问“为什么”，这个爱的感受就消失了。

从这个角度说，爱是一种能力，是一种让自己放下头脑的能力，是一种倾听自己内心的能力。

如果有的人在成长的历程中从未感受过爱，从未经历过爱，那他就只能用头脑来思考这件事。对他来说，展开一段爱的关系是很不容易的。

我知道有些朋友在成长中确实从未感到过爱，他们的父母或许也没有体验过爱。在一些人的观念中，养儿为了防老，孝敬为了牌坊，婚姻无非是找个人搭伙过日子；而爱情不能当饭吃，是个没用的东西。那么，在这样的环境下长大，很难不把自己看成商品，把一切都看成交易。

我曾路过某公园的相亲角，好几百位父母聚在那里，举着自己孩子的各种条件，帮孩子“相亲”。我不知道这些父母是否体验过真正的爱，过度的焦虑和控制只会抹杀孩子爱的能力，也映衬着自己某种程度的“爱无能”。

这也无关对错，只是作为一个全频谱能量的人类，如果只蜗居于下三脉轮的能量中，那不免有些遗憾。而从更大的视角来看，那些蜗居于无爱环境中（纯粹由物质、欲望、权力的逻辑驱动），试图突破头脑牢笼挑战的，都是勇敢的灵魂。

我们用心相爱，又用头脑分开

即使两个相爱的人，在一起向前走的日子里也难免会遇到头脑工具的磕碰。这意味着我们需要时常保持觉察。

当我们没有觉察自己是“处于爱中”还是“陷于头脑中”时，我们往往会处于思绪、情绪的“自动导航”状态，我们也会不断需要一个个理由，来佐证我们的爱。

如果这时找到了一个理由，似乎这份关系、这份爱就有一个抓手，让我们觉得安全、有着落。而我们会不断需要这些理由，来填补我们对于爱和关系的匮乏感和不安全感，渐渐地我们就发展出控制。

我们对于“抓手”的需要也会不断升级，我们会暗暗地进行比较和推测，以此来为评判增添依据，使其显得更为“真实”。

这时候，曾经炙热燃烧的爱的火焰，就渐渐降温了。

我们用心相爱，又用头脑分开。我们的心打开，迎接这个全神贯注投入爱的一刻，我们的头脑又试图通过控制一切，将我们与这一刻分离。心需要体验爱的过程，头脑需要一个安全的结果。

如果双方基于头脑的部分越来越多，而忽略了内在爱的感受，或者双方没有用各自爱的能量浇灌和激发关系中爱的能量的话，那么这个关系，渐渐就从一个基于爱的关系变成一个只是基于头脑的关系。而当这个关系只是基于头脑时，它就变得脆弱，变得不再对双方具有正向的能量。这样，他们自然也会分开。

这也是很正常的。所以，当你处在这一刻的爱中，就充分享受这一刻的爱。

每一个爱的时刻都是光荣的

从另一方面，这也意味着你的爱并不会因这段关系的停止而停止。

我们生活在一个二元对立的世界，充满了矛盾和选择。在很多时候，现实客观条件无法允许我们完全依照内心做出选择时，会让我们陷入纠结。你如果陷入纠结中，就先处理这个纠结的感受。这种感受背后也许埋藏着从小就有的一些限制或束缚，让你无法从更大的视角去看待整个过程。处理这种感受，会让你无论如何选择都清晰而坦然。如此，你将从这段关系中得到成长，并以新的视角迎接不同的可能。

你值得跟随你的心，去追求你内心所爱的人和事，你值得如此。而这并不意味着你必须要争取到某个结果。无论什么结果——即使你选择放下——你都百分之百地接纳和认可自己的选择，百分之百地释放因此而来的情绪，而不用把它当成一个遗憾，或背负愧疚。你只是从一段因缘中毕了业。

在这个三维时空的世界里，我们自然会期待一个圆满的结果，得到与否都会倾向于分析它的原因，这是思维的游戏。觉察到这一点并经验到这一点，你就可以享受这个游戏，也可以不受困于这个游戏。

而爱，是在这个游戏之外更广阔的维度里。爱存在于每个瞬间、每个当下，爱不需要原因，只需要沿着那个神秘的爱的火花前行，不必思考去向何方。

在爱里的时刻，无所谓贫富，无所谓结果，无所谓过去和未来，每一个时刻都是光荣的。

就像鲁米的这首《爱的所在》：

看向内心，就会发现，一个人的爱

来自那里。这就是真相，

而非他们所言。

……

不要问为什么
这让我满心欢喜。

在你的光明中，我学习如何去爱。
在你的美丽中，我学习如何作诗。

你在我的心中起舞，
那里，没有人会看见你，

但有时候，我能看见，
而这样的一瞥，成了诗的艺术。

鼓声响起，
它的节奏，就像我的心跳。

在鼓点中，一个声音说道：

“我知道你累了，

但是，来吧，这就是你的道路。”

今日练习

静坐，闭上眼睛，缓缓地呼吸。

让自己回到某一次恋爱中心动的感受。

只是专注于这个心动的感受，专注于那个瞬间的感受。

在心里，对那个瞬间说：

谢谢你，我爱你。

谢谢你，我爱你。

感受你身体的感受，呼吸的感受。

对自己说：我拥有爱，我拥有爱的能力。

在你觉得可以的时候，慢慢地回到你的呼吸。

随时可以结束这个冥想。

亲密关系中的期待、批判和防卫

当你放下内在的紧张和对抗，就有机会从你所在的角色中退后一步，看到这个游戏真正想让你得到的是什么。

一场随时发生的冰风暴

天色阴沉，没有太阳。房间里也充满了阴沉，就像房间里两个人的脸。在一场相互的指责和伤害之后，战场一片狼藉。时针搅动着耐心，空气冷得仿佛正凝结成冰。房间里的两个人，从曾经的亲密转向对彼此的失望，又从对彼此的失望中，感受到越来越凝固的绝望。手发冷，心更冷，每个人都掂量着要不要说出那些收不回来的决定。

战争是如何开始的，已经没有人记得，有的只是熟悉的

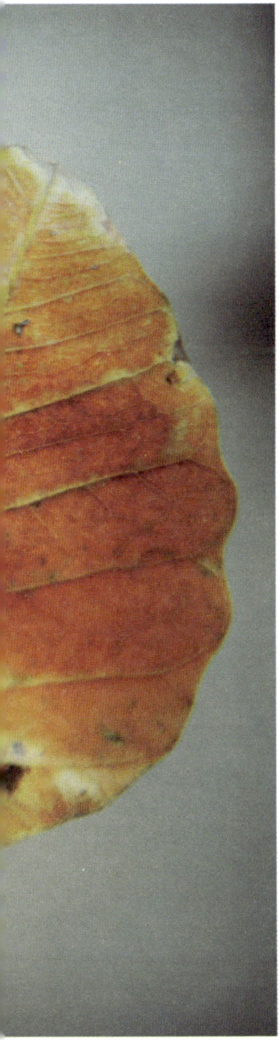

伤痛。

必须承认，太阳不会每天都照在我们身上，即使我们知道它总是在那儿，但这并不能抑止我们总会有陷入低谷的时候。就像这一天，一开始你就发现，所有的事都不如意，都那么糟糕。

你的伴侣走过来，你已经忘了他说了些什么，当然，他也是糟糕的一部分——要不是他，就不会那么糟糕。或许，你的孩子从你面前走过，嗯，他那一堆事儿也没有一件是让你感到省心的。脑海里一个声音在说：都是他们的错！脑海里另一个声音说：我也不怎么样，就算没错，也没什么好的，不好，完全不好。

这一天中，有谁真的做错了什么事情吗？并没有。你自己有做错了什么吗？也没有。也许太阳出来后，这都不是事儿，但此刻，你就是觉得不好。你觉得，其实你自己挺失败的，你自己远远不够好。

让我们在这种感受里，深深地呼吸一下，再深深地呼吸一下……这是一种什么样的感受呢?

让评判推动着的剧情暂停一下

这种感受很复杂。此刻，你很难分辨出这里面杂糅着哪些情绪。但无论哪种情绪，里面都会有一个批判的声音，要么在批评自己，要么在批评自己以外的一切。

当我们深深陷入情绪和批判中时，我们完全从曾经的平静与欢乐中抽离了出来，我们仿佛变成了另一种能量，被一种只有情绪的能量占据。它喋喋不休，肆意摧毁自己和周围的一切。

如果我们正被情绪和评判完全占据，我们就很难立刻心念一转，放下屠刀立地成佛。我们需要一个“空白”，一个让自己从评判中抽离的空间，比如可以像刚才一样，做一个深深的呼吸，就像按下了暂停键。你需要的不是做出对这段关系的决定，不是在头脑中解释前因、掂量后果，而是按下暂停键，先在心中放过你自己。

我们最容易在关系中陷入的三个角色：受害者、加害者和拯救者。我们很容易在这三个角色中循环，当我们认为自己是其中一个角色时，我们看关系里的其他某个人就会是另外两个角色之一。或者可以这么说，当你认为自己是其中一个角色时，你就会为自己制造出另外两个角色来配合你的“剧本”。

当我们陷入角色并受困在角色的循环之中时，我们很难认识到自己被角色占据，也很难看到这段关系给予我们的礼物。我们可以通过觉察到自己对自己、自己对他人的评判，来帮助自己从角色中抽离。

所以，听一听头脑中的声音，那些“你是……”“我是……”“他是……”，那些“都是因为你……”“都是因为我……”等等。只是看到这些念头，不需要拒绝它们、否定它们，而要接纳它们。你可以对自己说：嗯，我在评判，我接纳我在评判。评判是推动剧情运转的一个重要原因。在评判中，先感到不舒服的是我们自己，我们感到内在的对抗和紧张，久而久之，身体也会有不健康的反应。

从小到大，也许我们已经习惯了这种内在的紧张，觉得它是正常的，但它让你离开了爱的感受，让你无法享受在爱中放松。就像我们手里一直托着个铅球，时间长了就习惯了手臂和肩膀的紧张，觉得这个紧张很正常，但当你放下它，放自己回到完全放松的状态，你会感慨，原来放松是这么舒服。

你可以感受一下这个评判带给你身体内在的反应，然后可以试着用呼吸去释放它们。相对于外在关系里恩怨情仇的剧本，对你来说，你身体上紧缩的痛苦感受才是真实存在的。但是，我们往往把注意力放在了外在的剧本和故事上，回避或拒绝了自己身体的感受。所以，爱你自己，深入自己的感受， 接受它们，转化它们。

当你放下内在的紧张和对抗，就有机会从你所在的角色中退后一步，看到这个游戏真正想让你得到的是什么。

这个过程正是这一段关系——无论它是否美妙、是否紧张——所带给你的礼物之一。

信念是起因，期待是杠杆

无论是对自己还是对他人，大部分让人受伤害的评判中，都会包含着挑剔和指责。被挑剔和指责的人不舒服，施加挑剔和指责的人其实也不舒服。

在亲密关系中，我们在挑剔、指责和评判对方的同时，也是在挑剔、指责和评判我们自己。当你说“你怎么就那么差劲儿”的时候，心里有个声音也在说“我怎么就那么糟糕”，对方只是我们的一面镜子而已。

当你要摆脱心里“我怎么就这么糟糕”的自我指责时，你会无意识地选择把责任归咎于他人。无论他人做了什么，你都能找出他需要为你此刻糟糕状态负责的原因。马上，对方也会通过指责你来进行防卫，于是双方陷入拉锯战。

如果双方都看不到这背后的运作关系，都不能暂停，那么双方关于对与错的互相指责就会不断升级，最终将事态逼到绝境。

也许你会说，事实的确就是他不好，你还会一一列举他如何不好。但其实，你只是在试图证明他没有满足你的期待。与此同时，你也同样在表达，你自己也没有满足你自己的期待，比如都是因为自己做了错的选择，自己没有条件做更好的选择，自己没能力满足自己对安全感的需求，对被欣赏、被爱的需求，等等。

你的期待起到了“杠杆”的作用，在关系中，这个“杠杆”放大了你的痛苦，放大了你对他人不够好的指责，也激发了对方强烈的防御和对抗反应。同时，你也印证了自己内在的“我不够好”的信念。无论你怎么转移注意力，你的信念总是会创造情景，以证明它是对的。

带有情绪的、挑剔性的表述与客观的阐述相比，它们所传递的信息是有区别的。这个区别不但取决于表述方，也取决于接收方。比如你说“你的头发可白了啊”——这个表述可以是带有挑剔性的，也可以是带有爱的，或者可以是一个中性描述。但根据双方心中的“杠杆”——比如双方对于“我不好”的信念强度、对于自己被欣赏的期待程度等——这个表述会产生和放大出不同的反应，可能是更多防卫和指责的反应，也可能是更多爱的反应。

这个镜像和杠杆的作用，对于双方都是相同的。所以，两个人的相互期待、失望、指责和防卫不断循环着。

两个人的关系从最初都认为“对方很好，自己也够好，也值得被爱”逐渐演变成相互指责和挑剔——“你不好，我也不怎么样”。双方都处在“我不够好”的信念以及“我期待你的表现让我觉得自己够好”的期待之下，双方的关系就这么一步步走向冰点。

如何能够去转化它呢？

冰雪融化，爱在调频

春去秋来，花谢花开。从小到大，你经历过痛苦，享受过开怀。尽管身边的人来来往往，经历的事高低起伏，但心中那种“不够好”“不如意”的感受，总是会在天色阴霾时，浮现出来。

可以试着想一想，你最早有“不够好”的感受，是什么时候？那时候，你大约几岁？也许你早已想不起来了，更不记得具体发生过什么，但这种感受、这个内在批评的声音却一直都在。

这么多年来，我们只是一直在重复着同样的感受。我们在不同情境里，把很小时候就获得的“不够好”的感觉反复调出，我们被同一个情绪能量反复吞没。虽然周围的角色在变，但剧本仍是那一个。

这熟悉的自动化反应，这熟悉的低频感受，还是那熟悉的配方，束缚着你的自由。

然而，旧的经验带来的问题，不能用旧的经验去解决。当下感受到的情绪能量，就在当下处理。

当你觉察到这一点，可以试着观察这个能量，你也可以观察到头脑里那个批评自己的声音正在喋喋不休。当你不评价它们，不抗拒和回避它们，也不害怕它们给你带来的痛苦时，你就接纳了它们。接纳帮你打开让这个能量离开你的通道，你可以放下它们了。

你可以问自己：我允许它们出现吗？我愿意放下它们吗？我能放下它们吗？我什么时候放下它们？你可以通过反复问自己这些问题，达到释放和转化。

然后，你可以再深呼吸几次。感受一下，你心中此刻仍然住着那个小小的孩童——就像孩子时的你，告诉他：你足够好，你值得每个人为你的存在而骄傲，你所有的痛苦都会被接纳，你拥有百分之百的爱，你拥有的爱足以为自己负责。

你可以温柔地拥抱那个小孩，感受那个小孩的心逐渐变得柔软。对他说：谢谢你，我爱你。

此刻，你会感到那曾经阴沉的房间里，空气逐渐温柔地流动起来，房间里的人们逐渐放下了相互戒备的武器，时钟摆动的声音重新跳动出生命的气息。

是的，你足够好，我也足够好。允许自己给自己一个暂停的时间，让自己拥有的对自己的爱流动起来。

你看到曾经笼罩着你的阴云已经露出了一线蓝天，就像房间里，此刻，你化解了冰雪的容颜。

今日练习

静坐，无论在椅子上或者垫子上都可以。慢慢闭上眼睛。

关注自己此刻的呼吸，关注呼吸的感受，当有思绪产生，让自己的注意力回到呼吸的感受上。

慢慢地，让自己处在平静中。

回想某一次你和伴侣的冲突，想象你正处于那次冲突中。

暂停你头脑中对这个事件的回放，感受你此刻的感受。

你的感受如何？你能大概描述这种感受吗？它也许由一些感受和情绪混合而成。

你是第一次有这种感受吗？试着想象你最早有这种感受是什么时候？你大约几岁？

无所谓什么时间，只是有这种感受的时候。

温柔地拥抱当年那个有此感受的孩子。

接纳他的一切，让他感受到你的爱。反复告诉他：这一切不是你的错。

当你觉得那个孩子感受到足够的爱的时候，你可以静静地回来。回到呼吸，慢慢地睁开眼睛，结束这个冥想。

Part3

Part 3

…

探索心想事成的落点，**生命给你最想要的**

你是否真心想要一件事发生？

如果你想要发生一些改变，此刻就让改变在自己身上发生。

吸引一个结果

初春，窗外的玉兰花，一夜间开满了枝头，鸟儿掠过树梢飞向天空。云朵之上，阳光闪烁，太阳之外，宇宙无声地运行着。你也是宇宙运行的一部分，遵循着一定的规律，以某一种频率微妙地震动。

当你期待一件事，或者祈祷一件事情成功，你真心希望它发生吗？

如果你真心希望一件事发生，要做的一件重要的事，就是调整自己内在的频率，让这个频率就如这个事情正在发生一样，让你的心来到这件事成功的时刻，感受那一刻带给你的一切。如果这件事的发生会给你带来喜悦，带来幸福的感受，那你就让这份喜悦或者幸福的感受，在此时此刻发生，让自己活在喜悦或者幸福中。

这似乎与我们通常的认知相反。因为我们都觉得，我们的快乐、喜悦都需要外在的条件，要么有某些外界事件的刺激，要么有某些外在的人作为条件，我们才会快乐。但真相会不会正相反呢？会不会是我们的快乐和喜悦创造了某些外在发生的事件呢？

这个内在频率的调整，不只发生在你许下心愿的时刻，在你等待过程的每一刻，它也在起作用。

我们可以带着好奇心观察一下，通常我们会先有一个美好的心愿，但也许外界的反应和结果来得没有那么快。在这个过程里，我们会等待、期待某个结果的出现——这时，我们会以什么样的心情、什么样的内在频率在等待呢？

如果我们“是”那个快乐喜悦，我们就会以快乐喜悦而放松的状态，去度过等待的过程；而如果我们认为，结果是决定我们是否快乐的原因，我们则会焦虑不安、患得患失。

“结果”的那一刻，总是短暂的，而过程中的每一刻，更多地组成了我们的人生。就像“结果”这两个字，结出了果子，是植物健康、自然生长之后，必然的一个发生。如果没有成长的过程，就没有“结果”这个结果。

我们总希望外界事物的改变，能带给我们满足；我们总希望对方的改变，能带给我们幸福；我们总是觉得拥有的再多一些，我们就快乐了。但我们往往没有想过，如果我们现在就调动内心天然的快乐、幸福和满足，就能吸引相应的结果。这一切都是我们创造出来的。

所谓未来已来，就是未来正在你此刻的感受和意图之中，经由你的信念，正在被你创造。

创造新手的运气

很多时候，当我们想到要达成一个什么样的目标、想要做成什么事情时，我们心里会有一个不易察觉的自动化反应，就是我们的心里会想：这件事情可能不会发生，目前也不知道这样到底行不行。

这些反应来自我们内在的一些束缚和限制。在这些限制下，我们其实是在觉得，这件事可能真的不会发生。

这些束缚和限制，也许是基于我们过去某些成功或失败的经验，也许是基于我们过去受到的教训、伤痛或创伤。但其实，此刻已经不再是过去的那个时刻，这个当下是一个全新的时空，那些束缚和限制在此刻往往并不是真实的。

如果我们期待一个新的发生，期待发生一个如同奇迹般的、“不可能”的事情，就必须放下过去的包袱，以一颗纯真的心

去看待这件事情，以一颗纯真的心去期待这件事情发生。很多时候，正念冥想中所说的“初心”，就是指我们那一颗如孩童般初次面对事物的心。

在保罗·科埃略的作品《牧羊少年奇幻之旅》中，他提到一个词“新手的运气”。书中的撒冷之王对牧羊少年说：“事情往往如此，我们把这称为‘良好的开端’。第一次玩纸牌，多半会赢。这就是新手的运气。”他又说：“因为生活希望你去实现自己的天命。”

作为一个新手来讲，为什么会有运气呢？是因为他有一颗天真而坚定的心，而不是一颗患得患失的心。第一次无论发生什么，对你来说都是很棒的体验，你真心期待，然后事情就会按照你想要的既定方向发生。但第二次的时候，你就会有一个“过去”牵绊着你。这个“过去”的牵绊，可能是你想得到原有那样的成功，也可能是你不想失去原有那样的成功，或者你想证明自己是成功的，等等。这时候，你就受到了限制。

你需要放下所有的过去，把自己调整到一个纯真的、全新的能量状态。当你处于静心之中，处于完全的安静之中，你可以听见你内心真正的声音。你为这个期待——那么真心地期待——而努力，你就成了动力的源头，真正动力的源头。

每一个当下都是崭新的，在每个崭新的当下，我们都是新手。这需要我们来到内在，去解除过去的那些限制。世界总是会给你最好的，依你所愿，但你要先了解你自己。

这就是关于“新手的运气”的秘密。

成为你希望的改变

我很喜欢一个故事：

有一个小镇，很久都没有下雨，十分干旱。镇上的牧师召集镇上的人进行了一场祈雨的祷告。人们来到小镇广场上，人群中有一个很不起眼的小女孩，但牧师还是注意到了她。牧师在台上说：“下面那个小女孩让我很感动！今天我们是来一起做祈祷雨水的仪式，希望我们的镇上能下一场雨。但我注意到，整个广场只有她一个人带了雨伞！”人们一看，果然，这个小女孩抱着一把红色的小雨伞。

甘地曾说：“在这个世界上，你必须成为你希望看到的改变。”

如果你想要发生一些改变，此刻就让改变在自己身上发生。

你可以静静地呼吸、静静地呼吸，当你的心平静下来，如一片无云的蓝天，如一个初见世界的婴儿，你就带着好奇心，让那个你期待的感受来到你的心中。

今日练习

静坐，在椅子上或者垫子上都可以。

闭上眼睛。

关注自己此刻的呼吸，关注呼吸的感受，当有思绪产生，让自己的注意力回到呼吸的感受上。

慢慢地，让自己处在平静中，你是任何事物的背景，你是空白的。

想想一件你期待的事情，试着把自己带到那件事发生时的场景。

此刻，你的爱在哪里？你的感受如何？

仔细体会这种感受，尽量感受每一个细节。

感谢发生的这件事为你带来的一切，感谢推动这件事发生的一切动力。

慢慢回到呼吸，结束这个冥想。

你在寻找你的天赋和热爱吗？

如果一定要找到一个被大家评价为“好”的或被认为是“有用”的兴趣和天赋，那我们就只是在谋求被认可、被赞赏、被爱，谋求某些匮乏感短暂被满足而已。

找到你和它之间的“障碍”

在人生的某些阶段，我们常常会感到一些迷茫和困惑：找不到让自己兴奋的事物，找不到自己热爱的事情，找不到兴趣，找不到自己的天赋所在，不知道自己喜欢什么，只知道不喜欢什么……每当我们想到这些，仿佛这个世界一下子就变得灰暗了，就像阴霾的冬日里，炉膛里找不到火苗和光亮。

但是，你需要找到的，不是让自己兴奋的事情，不是你的天赋，不是某些被热情点燃后忘我的东西，而是此刻你和它们之间的“障碍”。它们一直都在你心里，当“障碍”被清理，火种自然就会放出光来。

那么，你可能会遇到哪些“障碍”呢？是什么让你听不到内心呼唤的声音呢？

如果你仔细观察你做决定的细微过程——就像把做决定那

一瞬间的时间轴拉长、放慢——可能你就会发现一些平常自己意识不到的潜意识反应。在这些反应中，也许你会不自觉地否认一些可能性，比如“这个我不行”“这个不应该”“这个大家不喜欢”“这个不像我该干的事”“这个有什么用”等等。于是，你就不自觉地封锁了无数可能的道路。

也许你还会陷入某种执着，听不到其他声音。比如，执着于一直学的专业、一直从事的行业，你觉得你应该在这些方面干出成绩才对，别的都是不务正业；比如，你执着于跟随一些主流的、潮流的、风口的声音，追求社会上一时认为“好”的东西、“有出息”的事情，比如哪里大家正一拥而上、哪里最吸引眼球，你会觉得那些才是“对”的。

外面总是风云变幻，潮涨潮落，但那些可能不是我们内心的声音——我们往往被外在的云起云落填满了注意力，而没有为自己的内心留出空白，听一听自己内心的声音。

还有一种障碍是，你有可能会陷入“一定要达成某个结果”的执念中。从小到大，我们都被要求只有符合某些标准或者成就超过周围的大多数人，我们才是所谓“好”的——考试要排前几名，升学要上名校，工作要进名企，创业要上市敲钟……这些让我们觉得自己“有面子”，也让我们在追逐外在标准和结果的路上疲于奔命。当你沉静下来，也许会发现，在硬币的反面，你仅仅是在向“父母”证明你是足够好的，无论是外在父母，还是内在父母。

我们习惯性地认为，“天赋”一定得“过人”才叫“天赋”，但如果聚焦在“过人”上，我们就会陷入比较，陷入唯结果论中，反而失去了享受过程的童心，失去了天然的热情和动力，失去了真正喜悦的感受。在天赋和热爱这件事上，重要的是自己的感受，而不是达成结果以及他人的评价。你不需要证明自己的天赋是“有用”的，也不需要证明自己的热情是对的。

你看，很多阻碍会影响你的热情和天赋显现出来，那些“我不够好”“我不配得”的信念，那些认为他人评价要比自己感受重要的束缚，那些自己对自己偶尔闪出的火花的评判……

当然，这并不是说你一定要做一些出格的、不符合社会规范的或非主流的事，那些真正闪光的、让你充满热情的东西，一定是符合爱的原则的，无论它是否主流。在爱的原则下，火花将会成为火焰，并让周围同样有爱的人看到你在发光。

不困扰来自不评判

还有一件很有意思的事情，在寻找天赋和热爱的过程中，我们会感到困惑与困扰，而这种困惑与困扰本身也是一种可以被清理和释放的障碍。

这些困惑正是来自上面所说的阻碍，我们往往认为只有我们展现出某些被认可的特质，才可以被称作为“天赋”，这些限制性信念让我们不能沉浸在我们天然就有的热爱之中，也就无法让热爱的种子发芽。很多困扰来自内在天然的热情遇到了外在的否定和自己内在的否定，日久天长，心里那些火花就被抑制了。

我们往往会对自己的兴趣、他人的兴趣存在一些评判。在这背后，我们对他人的评判也是对自己潜在的评判。比如，当我们评价一些兴趣是不入流的、不高级的、没有用的，我们也在用同样的方式评价自己。我们心里的可能性被评判所遮掩、打压，逐渐就看不到更广阔的可能性，我们被自己忽视了。

不同时代，大众所谓“好”的认知标准也会阻碍许多人的个性化发展道路。比如，我小时候，家里和学校都认为“学好数理化，走遍天下都不怕”，所有其他的兴趣都不靠谱，不应该排进时间表里。但其实学什么并不是最重要的，重要的是，在这个过程里，我们用外在的标准替代了内心的声音；而外在的标准总是短暂的，说变就变，但其形成的内在限制却是长久的，而且只有当我们被束缚了很久之后，才会意识到它对我们的影响。

如果一定要找到一个被大家评价为“好”的或被认为是“有用”的兴趣和天赋——比如可以以此挣钱、成名或者获得权力——那我们就只是在谋求被认可、被赞赏、被爱，谋求某些匮乏感短暂被满足而已。

无论困惑来自哪里，我们只要对那个“困惑”的感受做清理和释放，就可以帮助我们释放那些不易被察觉的信念。任何时候我们都可以为自己负责，发现和呵护自己内心的火花。当阻碍被清除，内在的光芒自然就会闪耀。

信任你自己

每个人的内心都充满了闪闪发光的东西，你也一样，这与外在的条件无关。只是这些闪闪发光的东西，埋在沙子里，还没有被发现。如果你相信沙子下埋藏着宝藏，风浪背后总会浮现出灯塔，你就会不断发现和清理你和它们之间的障碍，直到你看到宝藏和灯塔透出它们的光。

想一想当我们还是一个孩子时，我们感到的快乐。我们是无拘无束的，任何玩具都可以玩得津津有味，你可以完全沉浸在玩乐的过程里。即便你的兴趣在他人看来是多么辛苦艰难，只要你觉得在过程里你是快乐的，那它就是你重要的乐趣所在、重要的闪光所在。

你最需要关注的是，在这个过程里你获得的感受——不带任何评价的感受。在这个过程里，快乐来自你内在喜悦和幸福感的绽放，而非来自获得了别人的赞美和认可。你原本就有内在光芒，此刻，你就在发光，你就只是享受你的光。

现在，你知道它一直在，你可以选择不断探索去接近它，也可以选择带着积极的意图等待它的出现。

有些秘密在你十岁时不一定能发现，有些埋藏的智慧也许只有在你拥有足够的经历之后才会出现。岁月会让黄沙飘散，你需要有足够的耐心并且留意和捕捉沙子里闪现出的光芒。如果带着这样的意图，等待也是探索的一部分。

你总会踏上这条探索之路，就像你要去探索“你真正是谁”，这个过程没有其他人可以代替你经历——没有谁能代替你感受热爱、兴奋和享受。你就只是享受这个探索的过程，让火花绽放，倾听你在过程里感受到的点点滴滴。像水波荡漾，享受荡漾过程中波光闪亮的瞬间，而不必追寻它会流向哪里。

今日练习

静下心来，回忆一下，在最近的时光里，有哪些时刻你是最享受的、最快乐的？没有目的、没有结果，只因为这个过程让你感到享受和快乐。

如果有可能再做一次的话，你可以再试一试，再次感受过程中的快乐，充分地感受而不带有任何的目的性。

无论这件事是什么，只是单纯地享受它，充分感觉这个过程中你的感受。

做几个深呼吸，在心中感受它，锚定这种在你心中无条件的快乐感。

任何时候，你都可以停下来，做几个深呼吸，再次唤醒你心中无条件的快乐的种子。

目标是显化热爱的工具，而不是制造焦虑的枷锁

如果一定要设一个目标的话，每时每刻感受爱就是你生活的最高目标。

我们不只服务于小小的“我”

有位伙伴和我说，这一段时间以来，公司的业绩目标让她觉得压力很大，无时无刻不处在焦虑中，有没有什么办法可以解决呢?

这个话题很大，无论是从企业绩效还是成功励志的角度，都有各种各样的分析方式。我觉得有一个角度很有意思，那就是先跳出这个问题，思考一下这个目标之于你的意义以及这个

工作之于你的意义。

不同的人看待同一个工作、同一个业绩目标时，会有不同的感受。对于这个人来说，自己的感受才是唯一真实的。而影响自己工作状态的，还有你对这件事、对这个自己感受的解读。

有一个故事，说有一个人看见三个石匠在凿石头：

他问第一个人："你在做什么？"

第一个人无精打采地回答："我在干活啊，我得养家糊口，你没看见吗？"

他又问第二个人："你在做什么？"

第二个石匠一边不停地敲打着石材一边说："我在做这个国家最好的石匠，做最漂亮的手艺。"

他又问第三个人："你在做什么？"

第三个石匠停下来，仰望天空，眼中泛着光，说道："我在建造一座大教堂。"

彼得·德鲁克在《管理的实践》中引用了这个故事，然后他说："最难办的就是第二个石匠。"德鲁克认为第一个石匠不能称为一个管理者，而现实企业中更多管理者就像第二个石匠一样，只关心自己的目标和成就，他说："很多工匠或专业人士，常常自以为有成就，其实他们只不过在磨亮石头或帮忙打杂罢了。”

第一个石匠陷于自己的生计，第二个石匠陷于自己的成绩，第三个石匠关注使命和意义。

我们不只服务于小小的“我”，还服务于一个更大的系统。即便你为生计奔波，但当你意识到你存在于一个更大的系统里并为之奉献的时候，你的内心也会发出光。而我们所做的每件事，在这个系统中都有着它的意义，这些意义与表面看到的意义往往不同。它既有基于生存需求的意义、自我实现的意义，也有其灵性成长的意义。我们只有在不断的成长中，才能感受它背后不同层次的意义。

这所有的意义并不是割裂的，不然就不能成为一个系统。系统需要平衡顺畅的流动，就像脉轮系统中，心轮、上三脉轮、下三脉轮缺一不可。而心轮的一个重要作用，就是将代表精神宇宙的上三脉轮与代表物质世界的下三脉轮连接、整合为一个整体，心轮意味着爱。这个系统的整体及其每一部分，抽丝剥茧到最深处，就是那个被称为“爱”的东西。

作为一个人，如果有什么可以让你感受到你仍然“活着”，那一定是你还能感受到你心中的爱。而目标在这个系统中，仅仅是一个工具。当转化视角，你就可以看到这个工具是如何服务于你更高的目标的。

目标是显化热爱的工具

对你来说，你可以视目标为让你显化热爱的工具，而不是视它为给你施加恐惧的工具。前者助力你享受当下，让你在那一刻活在爱中；后者让你陷入压力、焦虑和担忧。这两者所达成的结果，看似都是指向那个“目标”，实则你得到的感受不一样。一个经天然生长、风吹日晒而结的果实和一个在温室中催熟上色的果实有什么不同？虽然名称相同、分量一样，但“结果”的过程不同，你品尝时的感受也不同——一个是大自然爱的结晶，另一个只是产量、目标的结果而已。

妈妈做的饭总是更好吃，不是吗？

目标是显化热爱的工具，而不是制造焦虑的枷锁。

我们觉得达成了一个目标，得到了一个奖赏，才称得上实现价值。但其实走向目标的过程才是真正的价值所在。回顾你过往的日子，生活中那些常驻你心中的动人瞬间，往往都出现在过程中，而达成目标那一刻却印象模糊，它只是对过程的激励而已。

很多年前，我在北疆徒步旅行，每天都要奋力赶路才能到达下一个营地。现在回想起来我已经不大记得到达时的感觉，只记得路上的一些零星瞬间：秋天的阳光穿过禾木河畔的树林，金色的树叶三分之一在树上，三分之一落在地上，还有三分之一在空中旋转飘舞，我甚至记得那时空气中阳光的味道，我记得我莫名的感动。

我问过一个上市公司的创始人：“你觉得上市敲钟的感觉怎么样？”他说：“我都忘了那时候什么感觉了，就像例行公事，我得到此一游拍个照，脑子里都是接下来要去应付的事情，没啥感觉……想起来我感受最深的，是创业初期我骑着小摩托给客户送货的那些日子。我记得有一天天色晴好，小风吹在脸上，没什么特别的事，但我就是开心得哼起了歌。”

一个修行者希望通过一段时间的苦修到达开悟，如果他的全部注意力都在对开悟这个目标的追求上，那么他很难领悟到透彻的智慧，直到他因此经历而有了新的顿悟。所谓修行的目标不在“别处”，就在此刻点滴的过程之中。就像虔诚的信徒磕长头去朝圣，如果仅仅为了到达目的地，那么何必历尽千辛万苦。他们此行最大的收获就在每一步之中，每一步都在践行着他们的虔诚，这个过程是目的地之外更深远的目的。

我们每个普通人也一样，无论目标是通过一次考试，还是完成一项任务，我们真正的收获都在实现目标的过程中，这个过程组成了我们的人生——我们最深刻的感受和体验都在这些过程之中。

我们需要目标，只是因为向前走的过程中需要一个坐标。如果把目标当成唯一重要的东西，总是想着实现了就怎么样，没实现怎么办，我们就会迷失在目标里，既没有工作在此时此刻，也没有生活在此时此刻。

我们就像来回摇动的钟摆，在幻想和绝望之间不停地摆动，嘀嘀嗒嗒响起的全都是焦虑、焦虑、焦虑。我们怎么做才会放下焦虑呢？设定目标，然后放下它。

爱在此刻，而不在目标里

我们需要目标，就像行走时需要拐杖，就像长途行驶时需要路标，需要路边的一座里程碑，它们只是方便我们前行的工具。但生活的意义绝不是把自己活成一座座里程碑，我们只需看到它对我们的作用就好了。

我们设定目标，然后放下它。

当我们聚焦在此刻工作的一点一滴中，当我们用心感受这一点一滴中生命的品质，当我们聚焦在这一点一滴热爱的感受里，宇宙自然会帮助我们实现目标，甚至超出我们的目标。这时候我们的心是开放的，而当我们聚焦于目标一个点的时候，我们通往目标的路就会变得狭窄。

宇宙会给你内心中真正想要的，但不一定以你预期的方式；宇宙会给你最好的，但最好的不一定是你能想到的。我

们何必用我们有限的想象和预期去束缚无限的可能呢？

这也是一种关于信任、交托和放手的修炼。

每时每刻，我们相爱或者死亡

生活从来没有什么正确的打开方式，打开了就是打开了。如果一定要设一个目标的话，每时每刻感受爱就是你生活的最高目标。爱是最高振频，当处于较高频率的时间越来越多，你就可以转化你的看法和视角，感受你经历的每件事、每段关系背后更深的意义。

如果你没有“在”你的每时每刻，你的这一刻便不是生动的、鲜活的、充满爱的，你在这一刻就像没有真正活过。从这个意义上来说，在我们的每时每刻，我们要么相爱，要么死亡。

是的，每时每刻，相爱或者死亡——你与工作、你与生活、你与自然和世界、你与每一段关系、你与你自己。

今日练习

准备一件你喜欢的东西，不一定是你最喜欢的，只要你喜欢就好。你可以放在身旁。

找一个无人打扰的地方，舒服地坐好，慢慢闭上眼睛。

做几个深呼吸，让自己逐渐地平静下来。

然后自然地呼吸，把注意力专注在你的呼吸上。

只是感受你的呼吸，感受你此刻仍在呼吸。

大约 20 秒钟之后，你可以感到自己更加地平静，你只在当下。

然后，拿起你喜欢的那件东西，捧在手中。

你可以再闭上眼睛，放下一切的判断，只是感受这件东西。

全心全意地感受它。

然后把对它的感受的关注，转到对你自己感受的关注上。

你喜欢它吗？就单纯地感受你的喜欢。

就待在这个喜欢的感受里，充分地感受它。

直到你觉得可以了的时候，慢慢睁开眼睛，结束这个练习。

明天永远不会到来，你有这一刻已是足够

如果你把注意力落在这个当下，那这个当下就是有品质的、充满生命力的，你的力量、聪慧以及欲望都有了落点和方向，你自然会想出解决方案——导向抉择和行动。

是什么让我们凝固住了呢?

有一头驴，拉了很久的磨，又渴又饿。忽然眼前出现了一堆草料和一桶水，它高兴极了，停了下来。但它又开始纠结，是先吃草料还是先喝水呢？它不停地在两个选择间徘徊也没办法做决定，于是下意识地又继续拉起了磨。虽然逃避了选择，但它感觉比刚才还要糟糕。

你有没有这样的时刻，在需要做决定的时候，整个人仿佛凝固住了——没有抉择、没有行动，而是选择了延缓决定，停

滞不前。你琢磨着：要不明天再处理它吧，也许明天会有一些变化，也许是情况会有变化，也许是我自己会有变化……于是你拿起了手机，心不在焉地刷了起来。

是什么让我们明知道做出决定更好却又一下子凝固住了呢？原因往往源于我们各种各样的担忧：如果这个选择不是完美的怎么办？如果搞不好这件事情会怎么办？如果这个选择会招来别人负面的看法怎么办？如果明天我后悔怎么办？如果没我想象中的好怎么办？我们凝固在自己的焦虑和担忧中，延缓每一个决定，从而让这一刻变得没有活力，甚至还会感到绝望。

有时候我们把这种现象叫作“拖延”，但我觉得不一定要把这个标签贴在自己身上。因为我相信，任何一个即使被认为“重度拖延”的人，也会为某一件事兴奋得从床上弹起，扔下手机，全力以赴。只是，我们如何每时每刻都保持这样的热情呢？

拖延和后悔总是相伴而来，这是许多人在生命终点回首往昔时想的最多的事。有些话没有说，有些爱没有付诸行动，有些梦想止步于应不应该，有些人一旦错过就再也回不来了。

曾经我也有很多拖延的时刻。有一段时间，我把乔布斯的一段话贴在墙上，他说：“记住自己很快就要死了，这是我面对人生重大选择时最重要的工具。因为，几乎一切——所有外界的期望，所有骄傲，所有对于困窘和失败的恐惧——这些东西都在死亡面前烟消云散，只留下真正重要的东西。”

虽然这句话很有力量，一时也起到了督促作用，但我承认我并没有因此完全治愈我的行动力。因为，如果你没有发现爱在其中的力量，死亡只不过作为一个新的恐惧替代了旧的恐惧。真正的转变，来自你更深入地了解了生命的本质以及你在每个当下爱的意义。虽然恐惧会让人一时充满行动力，但爱才是真正持久的动力，并在每一刻让生命呈现出闪光的质地。

唯有体验带来能量和智慧

想象未来就像一条通往远方的路，此刻正展现在你眼前。如果你不出发的话，未来永远只能停留在想象的故事中——无论它有多么美好。对生命来说，只有体验和感受才是真实的。若未来只在头脑中，而没有亲自体验它的时候，你也无法获得它带给你的能量和智慧。

你趴在电视机前看旅游节目，离得再近你获得的也只是看电视的体验，而不是行走世界的体验。那个目的地看上去再美，也不如实际站在那片土地上使你感受深刻。你和一个人线上聊天，码上十万字也一定不如面对面坐着聊接收到的信息量大。

去往你设想的未来，去往你的梦想，只有真正行走在路上，你才可以和这个能量充分交互，融为一体。当你做了决定，就进入了一个全新的能量场，否则你只能置身于那个场域之外。你停滞在那里，看似没做什么，实则在头脑的撕扯和对抗中，你消耗着自己的能量，而又未能在行动中补充新的能量。

这个能量是什么呢？能补充你的能量，是爱的能量；让你停滞不前的，往往是恐惧。

从停滞中收回自己的力量

有时候，你推迟决定是出于“事缓则圆”的考虑：也许事情发展还未成熟，也许必要资源还没准备好，也许决策还不够清晰细致，也许你想观察既定之事还有什么欠缺。这时候，把事情往后拖一拖，也是不错的选择。接下来你会确定一个决定的时间，这时你的感受往往是积极而愉悦的，你平静而不焦躁。

那些让我们感到不适的拖延，几乎都是因为我们不想承担行动和决定的后果。我们不想犯错误，不想不完美，不想后悔，似乎等待和拖延能让我们活得更好，而不必承担“自己不够好”

的责任。这么想挺有意思，因为我们已经在承担“拖延”这个“不完美”，印证这个“不够好”，已经在默默铺就未来的后悔之路。你看，头脑在这个游戏中左右互搏，直到把我们逼到时间线的尽头，无路可走。

当然，在你停滞于焦虑中时，你也在体验拖延一个决定或行动所带来的感受，这最终也会助力转变——你会因绝望而决定转变。作为这场命运游戏的一部分，最难打的关卡和陷阱都是我们自己设计的，最致命的炸弹的爆炸时间都是我们亲自设定的。

明天的你会比今天更年轻、更有勇气吗？明天的你比今天更聪明、更有力量吗？明天的明天，又会比明天更好一些吗？

江湖越老，胆子越小，明天的你只比今天的你更加衰老、更加世故、更加担忧和恐惧。

你需要转变视角，从这个时间线中跳出来，或者说从宿命般的人生模式中跳出来。

你拥有的只有当下，而“明天”永远不会到来。

过去的积累塑造了此刻的你，此刻的你也正在塑造未来。当你在这个当下转变，清晰地觉察你在做什么，过去的影响就在瓦解，你也就改变了你的未来。时间就像一条长长的绳索，你抖动长绳的一端，未来也会随之波动。

你感到的不舒服是一个机会，它帮你觉察到这一点，当你接纳内心“做还是不做”的对抗，就开始把注意力收回到当下。与此同时，你也在收回你的力量。在你收回自己力量的这一刻，你才真正拥有了这一刻。

如果你把注意力落在这个当下，那这个当下就是有品质的、充满生命力的，你的力量、聪慧以及欲望都有了落点和方向，你自然会想出解决方案——导向抉择和行动。即使你在等待，也是有条理的等待，而不是混乱的停滞和让你不舒服的堵塞。

当你把注意力落在这个当下，你自然就聚焦在爱中——对生命的爱、对自己的爱，这时的你充满了生命力。

认出转化的机会和钥匙

对于大多数人来说，拖延和后悔总会结伴而来，但如果你此刻放松下来，只是对此刻的你说“是”，你就潜移默化地开启了一条转化之路。你会从内在的对抗中跳出来，看到这个对抗为你带来的痛苦，但也会看到转化的机会和钥匙。

于是，一切都变成了礼物——觉察、接纳及转化——你抖动命运长绳的一端，就展开了全新的未来。

对于有些伙伴来说，这么说可能显得空洞而概念化。有时候我们试图用力抓住一个解决方案，可是，我们用力追逐的一切都在这一刻之外；而只有在这一刻，我们才能收回自己的力量并认出自己。

你可以尝试一下，感受你此刻的身体。就只是感受，没有推测、疑问和思考，只是让你身体的感受浮现出来。如果你在拖延决定、延缓行动的状态中，如果你纠结于某个选择是否正确，你会感到身体有紧绷甚至凝固的感受，会感到内在对抗的张力。但如果你处于当下，无论行动还是等待，都会感到松弛，感到内心的放松和开放。

当你尝试觉察和接纳，你就会从纠结走向放松，从紧张走向舒展，从封闭走向开放，从坚硬走向柔软。你会从“我向往一个愿景，但我不够好，不配得”走向“我足够好，我有足够的力量拥有我想要的东西”。然后，你的能量会自然地流动，变得清晰而有行动力。

生命期待你来到此时此地，将你的愿景转化为现实，并在这个过程中体验从精神性到物质性的所有能量频率，你具备超越和显化的所有频率，这也是人这种有趣物种最为珍贵的地方。

你遇到的这一切，并不意味着“你不好”，只是带你体验到，经由自己的意识转化，你可以站在一个更宽广的视角来看待你面临的一切，看待你此刻的难题与痛苦，然后开放而从容地实现你的梦想，享受你的生命旅程。

而此刻，正是一个倾听内心声音的机会。没有什么比这更好的安排了。

今日练习

感受你此刻的呼吸。

慢慢地，感受自己的呼吸自然而舒缓。

此刻，你有没有一件你一直要做却被自己拖延的事儿呢？

感受一下这个拖延带给你的感受，它也许在你身体的某个部位。

把呼吸带到这种感受中，接纳这种感受，对它说，我爱你，谢谢你。

体会这种感受变得松动，也体会自己从紧绷到放松的感受。

然后回到呼吸，感受在呼吸中，你敞开与这个宇宙交流着能量。

享受呼吸中的每时每刻。

直到你觉得可以的时候，结束这个练习。

渴望吸引富足，也是一种限制

基于你拥有的和你的感恩之心，你可以感到心中不再像以往那般空虚无助，你越感恩，就越乐于付出。充分地沉浸在这个感恩和拥有的感受中吧。

人类没有意识到的是，在我们活着的每一个当下，我们都在持续不断地抗拒生命。这抗拒使我们持续处于与真我意识的分离，与自由、灵感，以及那最重要的神圣创造者本身分离的状态。

——［美］维泰利《零极限》

生活在受限的匝道上

尽管看起来比例不高，但或早或晚每个人都会走上一条属于自己的内在成长之路。只不过有时候进入主路的匝道比较长，甚至长过了这一次生命。

回头看，总有一些缘故不断促使我们走上这条路。有时候是因为情感或关系的挫折，有时候是挣扎于事业、生计，挣扎于奔向成功，有时候是我们深陷疾病或者无法摆脱的精神痛苦，有时候则是困惑于如何追寻个人价值、发现生命意义……

也许每个人上路，都有各自不同的原因，但总的来说，往往是因为我们长期处在凭自己能力无法解决的痛苦之中，而这些痛苦又往往来自各种各样的“受限”。我们不断地寻求一些方式方法，试图摆脱受限，但是往往并不奏效，或者即使奏效也是暂时的。

有些方法是向外的，比如寻找外在的激励，比如找到新的伴侣或依靠，比如提升职业能力；有些方法是向内的，比如探究自己的心理，比如研究血型、星盘，回溯自己的原生家庭，看看性格特征、命运走向，学习肯定句、吸引力法则，等等。

但无论什么样的方法，我们仍然感到“受限”，甚至有时感觉像被看不见的绳索越勒越紧。

是这些方法无效吗？并不是。

这些方法是否有效，取决于使用这些方法的“我”对“我

是谁”的认识和感受。如果仍旧认为我们所“是”的自己是一个“受限”的自己，那么我们也只会经由一个受限的过程，得到一个受限的结果。

从受限到无限有多远?

那么你也许会感到惊讶：我们难道不是受限的吗？如果我们是无限的、完全自由的，那么谁还需要寻找突破有限的方法呢?

这正是最为困难的地方。我们认知“自我”的过程，正是经由受限而得来的。我们通过身体的边界区分自我和环境，我们通过头脑的不同认识界定彼此的不同，我们通过相互比较来定义自我的位置和价值，我们通过树立共同的敌人来寻找自己的联盟，我们通过站队来将自己和他人简单归类，我们通过否定别人来凸显自己……我们真不容易。

在生活中你会发现，很多时候我们不断地否定、评判、对抗和分离，只是为了寻找我们自己。而在这条评判、对抗和分离的路上，我们在寻找自己的同时，也在远离我们真正的自己。

这个“真正的自己”并不是借由外在的对比、对立而存在的，它就像你心中存在着一个看不见的无限的频道，连通着没有时空限制的广阔维度，或者说就是无限的维度。也可以这么理解，我们就像在扮演一部生命大戏的不同角色，经由剧本、剧情认识“自己”，但我们越演越“真”，完全忘记了我们并非角色本身，忘记了我们在戏外有着不同的身份——其实我们甚至是编导本人。只是虽然你忘记了，但心中仍会隐约有一些微妙的感受（这些感受往往会被否定、打压直至被忽略），这人生的一切是梦还是真?

所有一切依我们理解和感受的“我是谁”而定。如果我们觉得“我是受限的个体”，如果我们没有真正理解并感受到我们的无限丰盛，往往会遇见更多的限制。这些限制是我们内心中那些受限信念的镜子。

只有你真正感受到内在的无限，并信任你内在的无限的时候，你才能完全从限制中解脱——哪怕这种解脱只有一瞬间，也会为你的人生带来巨大的影响。

渴望吸引富足，也是一种限制

我们所遇到的那些情感的、财富的限制，只是我们内在限制的显化。情感和财富只是我们做功课的课题而已。

如果你不能意识到你的完整无缺，那么渴望获得成就，渴望依赖情感，渴望在生活中吸引成功富足，在某种意义上也是一种限制。这些渴望意味着你在定义和表达你“是”那些不足、那些匮乏、那些不完整，你认为你只有补充了这些渴望的东西才会变得完整无缺。

当然，此刻你可能确实没钱，没有处于美好的感情中，但这不代表你要定义这个状态为“不好”“不丰盛”“不完整”。以有限的视角，看到的也是有限的。作为无限的智慧、无限的力量、无限的丰盛，任何指定的方式——指定的样子、指定的数字、指定的路径，都是一种限制。

我们在这个二元对立的世界，自然而然会凭借限制性的信念系统而生存，比如“达到某个数字是好的”“达成某种生活方式是好的”。但是，当你作为一个无限的存在，你可以看到那只是一个信念系统，而不会把它当真。你以内在无限的宇宙所呈现出的创意、灵感而活在当下，欣赏和感激它在这个世界上为你呈现的一切。

当然，在现实生活里，我们往往是因某种匮乏、某种渴望而在外界不断碰壁之后，才开始转而走向内在成长之路的。走向内在成长之路往往都有一个直接的目的，就是解决现实中的问题。但我们越是把现实问题看作问题，这个问题就越不容易解决；越是渴望吸引一个富足的结果，就越是宣告自己更多的限制。

那怎么办呢？问题还是要解决呀。

推开吸引富足的旋转门

就像我们曾经说过的，你需要放下对目的的执着，放下把“有一大笔钱”视为你“富足”的条件和原因，然后调整和转换你的视角。只有你放下旧的，才能拿起新的；只有放下从旧视角得来的观点，才能以新的视角看到这世界纷繁表相背后隐藏的秘密。

当你放下旧的，新的自然会浮现。你本身就具有的更高频率会因为你放下了旧的束缚和干扰而显现，你的频率提升，就能回归到天然的一切具足的状态，回归到平静如初的赤子之心。而有意思的是，在此次生命的旅行中，在这个命运的游戏场中，你之所以遇到与金钱相关的纷扰，也是为了促使你，甚至迫使你踏上内在探索的路途，回到你本身具有的更高频率，回归你的本质和源头。那么，关于金钱困扰的解决方案，也在于此。

人们普遍认为要先有外在的富足，才会有内在富足的感受，但这只是游戏舞台上呈现的样子，背后的运作规则却是相反：人们往往先拥有富足的感受，才会持久拥有外在的富足。

有时候，所谓饥饿感也会带来动力。饥饿感分两种，一种来自焦虑和恐惧，另一种则来自对游戏的享受，而后一种本身就是一种因内在富足带来的状态。

所以，你可以视金钱相关的纷扰为一种助力，但并不是助力你向外抓取，而是助力你转换到一个更大的视角。真正的解决之道，并不在你“聪明计算”和“用力抓取”这一层面，而在另外的层面。就像爱因斯坦曾说的：“我们面对的重大问题，永远不能在产生问题本身的层次上被解决。”

在问题的层面，关于富足的困扰来自 “你不够”；而在另一层面，关于富足的困扰并非来自 “你不够”，而来自你忽略了“你已经拥有的”。

想一想你已经拥有的一切。如果你环顾四周说“我啥也没有呀”，那恰恰是你要转换视角的起点。我们每个人都拥有很多很多，而我们习惯认为这些我们已经拥有的是理所当然的，于是就忽略了它们的存在。

比如你拥有此刻呼吸的空气，你拥有每天喝的水，你拥有健康的眼睛让你读到这里，你拥有现在穿的衣服，你拥有昨晚住的地方，你拥有正拿在手里的手机……你还拥有更多，比如你认识的每个字、你会说的每句话，比如一直以来收到的关心、呵护、支持和爱，比如此刻你还活着。

我相信你拥有的比这些还多得多。感谢你拥有的一切——你曾经拥有的一切以及现在拥有的一切。

你可以真正体会到你拥有它们的那种感受吗？让自己充分扎根在“你拥有”的这种感受上，扎根在“感谢你所拥有”的感受上，并且深深地体会这种感受。

体会在这种感受里，你所获得的爱、获得的支持。

爱，一直都在。只是我们习惯把关注过多地放在自己没有的部分，放在自己感到匮乏的部分，而忽略了自己一直拥有的爱、拥有的一切。那些匮乏像黑洞一样吸引了我们的注意力，而我们要转换一个频道，关注我们已经拥有的，并感恩我们拥有的一切。

当你感恩所拥有一切的同时，也要感恩你自己。因为有你，因为你在，你才拥有了这一切；如果没有你，你感到的一切美好与爱都不存在。

基于你拥有的和你的感恩之心，你可以感到心中不再像以往那般空虚无助。你越感恩，就越乐于付出。你不一定要付出钱财，你可以付出你的爱，付出你的服务，付出你的关心和陪伴，付出你的欣赏和肯定。

任何的付出，都是对“你拥有”的证明。每一次付出都意味着你宣告你的拥有，你并不需要向别人证明，你只是在做如你所“是”的自己。

所以，充分地沉浸在这个感恩和拥有的感受中吧。不再期待外在事物来填补你，此刻，你真正成为一个磁铁，吸引到更多富足的体验，这才是真正的吸引力法则。

今日练习

首先准备一个你要感谢的清单，可以是你要感谢的人、事、物，可以是要感谢的自己的经历、自己的天赋条件、自己的身体心智、自己的存在等。

便于集中注意力，一次练习中可以选取 10 条，如果有更多想要感谢的，可以用于以后多次的反复练习。

找一个舒服安静的地方，让自己放松地坐着，但不要靠在椅背上，让上身直立而放松。

闭上眼睛，双手合掌靠近心轮的位置。

然后缓缓地做 10 次深呼吸。

在心中真挚地感谢自己所拥有的一切，在心中逐一将它们说出来。

保持双手合掌靠近心轮的位置，对自己说："愿我以身体行动，去回馈、感谢我所拥有的。"

继续双手合掌，慢慢移动到嘴唇的位置，对自己说："愿我说的话语，能回馈、感谢我所拥有的。"

继续双手合掌，慢慢移动到眉心轮的位置，对自己说："愿我的所思所想，都能回馈、感谢我所拥有的。"

最后，请把你的双手自然放在身旁或腿上，弯腰低头，就像鞠躬。如果坐在椅子上，可以试着把头接近膝盖；如果坐在垫子上，条件允许的话，可以用额头轻触地面。

再一次衷心感谢一切人、事、物，一切生命中的礼物。并且，愿我自己也能成为别人生命的礼物。

愿我的存在能让周围的环境以及生命感受到更美好、更充满爱。

然后慢慢回到坐姿坐好，自然地呼吸，安驻于此刻的呼吸中。

你也可以重复这个过程几次，直到你觉得可以的时候，结束这个练习。

世俗成就和精神成长矛盾吗?

如果我们习惯了目标驱动，要为成长定一个目标的话，那这个目标可以是：在每个进程的点滴中，我们都处于内在的和平与安定之中——这往往也意味着我们已看清了这个世界和自己的真相。

世俗成就和个人成长

你问：“世俗成就和个人成长矛盾吗？”

在这里所说的个人成长，指的是心灵的探索与成长，实践幸福与生命的最高美善，也有人称之为精神成长或心灵成长。当人们纠结这个问题的时候，往往是凭借生活中曾经获得的某些印象，让人们对世俗成就和个人成长分别有着某些评判。有时候会觉得这二者是矛盾的，追求一个就要牺牲另一个。这些评判有时会使我们进入某种内在的对抗，致使我们看不清自己真正想要的是什么。

个人成长与任何事情都相关，贯穿在所有的所谓世俗事物、世俗成就之中。

所谓成就，一般来说是以一种评价的方式呈现的，或者说是一个可被评价的标准。而对追求成就的个人来说，成就往往是一个目标。但成长，不是一个目标。成长蕴含在每个当下，蕴藏在通往任何目标的点滴过程之中。

如果我们习惯了目标驱动，要为成长定一个目标的话，那这个目标可以是：在每个进程的点滴中，我们都处于内在的和平与安定之中——这往往也意味着我们已看清了这个世界和自己的真相。

我们可以问自己两个问题：一是在每个当下，是选择内在的和平重要，还是无所谓内在状态，去奔向外在的目标重要？二是无论哪个选择，你内在的动力是出于爱还是出于非爱？

遥远的胡萝卜

很多时候，我们觉得即使忍受内在冲突，也要换取目标的实现，享受成功的快乐。我们也是这样做的。与目标实现相比，我们的内在冲突几乎可以被忽略，先是被他人忽略，慢慢也被自己忽略。因为我们被反复告知，目标实现后一切都会好的。

对于大多数人来说，我们从小受到的教育就是这样的。你我都是这样，我们也潜移默化地以此教育我们的孩子。

当我们走在这条路上，时常会对不成功感到恐惧。恐惧时时鞭打着我们，而我们应对痛苦的方式，就是关注前面吊着的胡萝卜。胜者为王，败者为寇。无论如何，只要能获得成功，怎样都可以。因为胡萝卜告诉我们，成功了就什么都有了——快乐、幸福、满足，以及安全和内在的和平。

我们就这样奋斗着，有很多人成功了；但发现那个快乐太短暂了，真是一个“快”乐，快得还没体会内在洋溢的喜悦，就必须马上开始下一个追逐。这种追逐，有时候是因为形势所迫而被各种恐惧感所驱动，有时候是因为有了更大的欲望或期待需要被满足，也有时候是因为失去了目标，在迷茫中盲目奔跑。而我们期待的“快乐、幸福、满足，以及安全和内在的和平”却一个也没得到，我们甚至完全忘记了它们曾经存在过，于是也来不及琢磨为啥好不容易咬到的胡萝卜好像不是那个味儿。

对于大多数人来说，追逐成功是一个自动化反应，与潜意

识中的信念息息相关，但这些潜在的动力我们很难意识到。我们很难停下来深入自己的内心，问一问追逐一个接一个的成就对自己意味着什么。是想要获得安全，想要认可，想要控制，还是别的什么？我们又为何想要安全、认可和控制，或者我们不能接受怎样的自己，又想对谁证明些什么呢？这些思考意味着追逐者的注意力由外转向内，走进内在的成长。

理想者的钟摆

还有一些朋友，希望可以用一种和平而喜悦的方式，获得一种自己期待的、被公众认可的成就，所谓站着把钱挣了。大家总是说他们是理想主义者，我也一直被朋友们说是理想主义者的一员。可惜，令人悲伤的是，理想主义者，尤其是理想主义创业者总是会先品尝到失望。

在这条路上，理想主义创业者往往会陷入一种摇摆，就像你拿着一个钟摆，钟摆不断地左右摆动，一端是幻想，一端是绝望。我们要么在幻想的这一端，要么在绝望的这一端，就这么在幻想和绝望之间不停地摆呀摆。当我们意识不到这个局面时，往往会更加用力地幻想和期待，那么这个摆动就会继续下去，幅度越来越大。只有我们停止用力，这个摆动的幅度才会越来越小，慢慢归于中心。这个中心意味着和平。

从不断地摆动到归于中心的过程，同样也是一种成长。当你归于中心，也许更容易吸引世俗的成就到来。但对你来说，无论这个成就是不是你曾经期待的，这时已经不重要了。无论它是什么，你都享受快乐、幸福和满足。你不需要通过成就来获得认同和证明，你只是享受它。

一切世俗事物，最终都帮我们指向内在的成长。而作为一个有着社会角色的个体，经历世俗事物，也是体验成长的直接方式，就像光在黑暗中，才容易体验到它是光。

爱与非爱的日子

当你思考最初提出的两个问题时，你很容易发现：在每个当下，当你处于爱的状态时，你的生活变得更有质量；而处于恐惧时，你就离开了当下，试图抓取什么或控制什么，在那个当下，你仿佛从未来过。只有自己的心可以感受到这些，而在头脑看来，似乎没什么两样。当你的心安稳在当下的时候，那两个问题根本不是什么非此即彼的问题。

当你做事是被爱所驱动，每时每刻处于热爱之中时，你不需要忍耐，也谈不上坚持，你享受这个过程，你处于幸福之中。也许你会得到一个世俗成就的结果，也许不会，但这些以爱而行的日子，是你生命中闪亮的日子。

如果此时，你已经站在某些成就之上，你也可以感受一下，无论你经由哪条路来到这里，无论来时在路上经历了什么，此刻你是否真正找到了你想要的？你真正想要的是什么？

经由“知道”得到的答案只是头脑的装饰，经由“体验”得到的答案才是丰富人生的智慧。如果没有体验过追寻的过程，你也无法体验到问题的答案。这就是成长。

生命的藏宝箱

就像一个在沙滩上堆城堡的孩子，他满怀喜悦全神贯注地享受他创造的过程。太阳落山了，无论最后城堡堆成什么样，推倒重来多少次，他都心满意足地回家了。

后来他长大了，有了更大的梦想，希望得到更多的成就。他觉得这些成就可以满足他更多的需要，能更多地被肯定、被欣赏、被关注、被爱，得到更多的喜悦、快乐和满足。

他走上追寻之路。十年过去了，二十年过去了，忽然有一天他发现，他已经很久没有体验过那种在沙滩上堆城堡的喜悦了。成就带给他的快乐是那么短暂，漂浮在表面，而在沙滩上的喜悦是那么深刻、那么难忘。

但是此刻的他和孩子时的他，对沙滩上的喜悦也有不同的认识。因为有了不同的生命体验，此刻他有了更加清晰而丰富的认知，他看到了他需求的假象，也看到了生命的真相。他得到了成长而不只是改变。

他环顾四周，看到此时此刻，世间的美好在他生命里一直呈现着，如云层之上的璀璨星光。他丰富了他的生命，生命也丰富了他，这是生命经历所带给他的真正财富和至上成就。

今日练习

静坐，无论在椅子上还是垫子上都可以。

闭上眼睛，享受只属于你的空间和时间。

慢慢地，做三次深呼吸，使自己逐渐地平静下来。

现在，回忆一件改变你人生的重大经历。将你的注意力放在这个重大经历的结果上。

发生了什么？结果如何？

然后再回到你的呼吸，关注自己此刻的呼吸，关注呼吸的感受，当有思绪产生时，让自己的注意力回到呼吸的感受上。

慢慢地，让自己处在平静中，你是任何事物的背景，你是空白的。

就在这个状态下停留 10~20 秒钟。

现在，请你把你的注意力放在刚才那个经历的过程中，那个过程给你的生命带来了什么收获？

感受自己的生命因那次经历所带来的触动。感受这个触动中的生命礼物。

然后再感受一下，你是否感受到了一些和从前不一样的收获呢？

然后再回到你的呼吸，关注自己此刻的呼吸，享受此刻自然的呼吸。

让自己享受这个礼物。

当你觉得可以的时候，慢慢睁开眼睛，结束这个练习。

你注意力的落点，就是你能量的落点

如果我们的眼里只有“我不够”，往往会疲于奔命，会影响我们身体的健康，影响人与人之间心灵的联结，影响我们给身边人的陪伴、关心和爱，那么，我们的生命可能就真的“生病”了。

烦恼如浑水

印度有一位智者曾经讲过一个关于佛陀的故事：

有一天，天气非常炎热。佛陀在林间行路时，觉得口渴，就和弟子阿难说：“刚才我们走过的地方，有一条小溪，你返回去取些水来。”

阿难就返回去，走了三四里地来到小溪旁。这时刚好有几辆牛车驶过小溪，把溪水弄得浑浊而肮脏。阿难想，这水不能喝了，就走回去和佛陀说明了原委，同时又说：“我听说前面不远的地方，有一条大河，我去那里取水回来吧。”但是佛陀却说：“你需要返回去，回到那条小溪取水回来。”

阿难很费解，还有些恼火，比起到前面那条大河，回到小溪他必须走更多的路程，而且小溪的水还不能喝，这太荒谬了。但师父的话他必须遵从，于是他说：“好的。”佛陀说：“如果回去水还脏，你就在一边静静地坐着，不用做任何事，也不要走到小溪里，你只是观照，水总会变干净，然后你再取水回来。在水干净前，不要回来。”

于是，阿难只好再次折返回去。小溪的水的确比刚才干净一些，但还是不能喝。他静静坐着，只是看着溪水从眼前流过。慢慢地，水一点一点变得越来越清澈，直到纯净得晶莹剔透，可以放心喝下。

阿难取了水，无比喜悦，因为他了悟到佛陀给他的教诲。他把水递给佛陀，并且深深地表示感谢。

佛陀说：“你取水给我，我应该谢你，你谢我做什么？”

阿难说：“我明白了。一开始我觉得返回去很荒唐，所以我很生气，但现在我明白了。这正是我需要的了悟。如果我跳进溪水里，只会让溪水越来越浑浊；如果我跳进我嘈杂的心绪里，只会在我的头脑里制造出更多的噪声，制造出更多的问题和麻烦。而我只需要静静地坐在一旁，观照所有的思绪、伤痛、欲望、问题，就像看着溪水中浑浊的杂质，静静地观看，自然就会等到那一刻，一切变得清晰、清澈。”

故事讲完了。

我的一位老师朱俐安说：“你注意力的落点，就是你能量的落点。”

就像这个故事，如果你跳进头脑里，你就赋予了那些伤痛、情绪、思绪、问题更多的能量。如果你只是静静地坐在一旁观照它们，你便把能量收回到你的中心，你会看到一切都会回归平静。

很多问题不是被解决的，而是被超越的。

空白的智慧

当你静静地坐在烦恼的一旁，在静心中观看浑浊的情绪、思绪逐渐沉淀和消散，心智再次变得清澈而敏锐，我们从中还能获得哪些宝贵的经验呢？

当解决问题遇到阻力，人们往往会越来越用力、解决方案会越来越复杂，倾向于补充更复杂的手段，添加新的元素，希望赶紧把麻烦解决了。但我们越用力搅拌，心中的浑水就越搅越浑，我们觉得一定是力量还不够、资源还不够、努力还不够……我们内心中总有一个“我不够”的信念——我不够好、不够有能力、不够有学识、不够有资格、不够有钱等——促使我们不断奔跑着。

环顾四周，其实没有人觉得“够”，每个人都觉得自己钱不够多、人脉不够广、腰不够细、脸不够小、爱人不够能干体贴。前一段时间流行“快鱼吃慢鱼”，于是所有创业者都觉得自己不够快；流行“一年阅读二百本书”，每个人都觉得自己知道得太少、勤奋得不够……我们总想追上浪尖儿，成为弄潮儿，但我们却失去了自己内在的稳定，失去了自己的中心，一次次在随波逐流中疲于奔命，甚至一再被卷入旋涡。

每一天都那么忙碌、热闹，无暇照看自己一眼，最后却一无所获。然后给自己打气，再次爬起从头再来，可再次走进的又是下一个“我不够”的循环。回想一下我们的人生，是不是有一些这样的阶段呢？

我们要奋斗、要改善自身，更要清晰我们究竟在做什么，我们真正的目的是什么。有多少人以为自己是在追求梦想和成功，但其实他并不知道，他只是想通过站在成功的舞台上，向一个遥远的幻影说“爸爸，你看，我是够好的”“妈妈，你看，我是值得被爱的”。

我自己也有类似的经历，总给人忙来忙去的印象。有人找我，我无意间就会摆出一副“我在忙”的样子，好像潜意识里有一个声音在说“不忙显得我没价值”。与之相应的是，我的确也很容易陷入各种不必要的忙碌中，不断折腾一个又一个项目。

曾经我也执着地想以自己的小众喜好赢得大众的认可。虽然那些充满理想主义的使命、愿景的确需要我们前仆后继为之努力，但内心深处也会潜藏着一些自己也觉察不到的动机，比如试图证明：你看，我用你不看好的方式，也能“够好”。

我真正的转变是在这种循环里不断打转、碰壁了很久，直到摔得粉碎，才使我不得不“坐在小溪边”，开始逐渐觉察到这些潜藏的声音，看到了内在限制的游戏，意识到自己处于成长的哪一阶段，然后我才发生了本质上的改变。

当你意识到这一点后，你仍可以继续行走在通往实现最初使命愿景的路上，但内心也比以往任何时候都更加清明而轻松。

在未来全新的两千年大幕开启时，渡口上总是有人点灯，总是有人划桨。我们享受此刻做的每一件事，能照亮自己的人，也会让另一些寻找光亮的人看到希望。

话再说回来。如果我们的眼里只有“我不够”，往往会疲于奔命，会影响我们身体的健康，影响人与人之间心灵的联结，影响我们投入给身边人的陪伴、关心和爱，那么，我们的生命可能就真的“生病”了。

每个人都走在他自己奋力想走到的那个阶段，而有时候命运会让我们来到一个节点，使我们不得不停下来什么都不能做，只静静地等待。就像佛陀让阿难坐在那里，你必须，也只能在那里坐着，坐在头脑的旁边，什么“为”都不能有。我希望对你来说，这个节点不是被迫的。

当你坐在那里，信任那个“无”在为，你会听到头脑中嘈杂的声音一个个缓缓沉落，如纷纷掉落的音符，逐渐落成一首空白而美丽的歌。

在这个过程里，你会转化到一个更宽广的视角，你每时每刻生活的目的是什么，你每时每刻工作的目的是什么，生命推动你行走在这个过程中，是想让你真正体验并感悟到什么呢？

所以，觉察你内在正在发生什么，接纳你生命中的一切。当你不再赋予杂乱的心绪以力量时，爱便会从那些你不再试图填补的空白处升起。

你发散出去的力量，终会回归你自己。

今日练习

坐在椅子上，我们来做三次特别的深呼吸。

先准备好做一个呼气，让自己做一次深深的呼气，把身体中所有需要呼出的能量全部呼出去，然后停留一会儿，直到进行下一个深深的吸气。

然后等气息平复一些，再做两次。

三次深呼吸之后，回到正常、自然的呼吸，静观自己的头脑，仿佛所有的思绪都在慢慢地沉淀、落下，就像水中的杂质。

所谓成功是一场终将失败的游戏，痛苦提醒你醒来

我们总是无意识地重复痛苦，虽然嘴上说不想痛苦，头脑里也不想再被痛苦折磨，但却仍然感到痛苦。我们没有意识到，痛苦是我们潜在的“决定”。

什么是“成功的人生”？

小易单身很久了。作为优质大龄男青年，虽然会有女生与他互生情愫，但他却很难走进一段关系，他总是觉得自己的事业起起伏伏，还不够“成家立业”的标准，觉得必须达到某些标准才能带给别人幸福。

小慧的婚姻陷入困境。一方面她觉得自己的事业蒸蒸日上，而伴侣却停滞不前，而且看他总是一副胸无大志的样子，不知他这种不思进取的生活还有什么意义；另一方面，自己要是和

他分开，同样是一种人生失败，自己不能输给那些每天打量着自己的同学朋友，也无法对好不容易认可自己的爸妈交代。

每个人都希望自己的人生是“成功”的。但什么是“成功的人生”？怎么定义“成功”？每个人对这些问题都有不同的答案，不知不觉，这些答案正带你体验痛苦或欢乐。

那“成功”又是什么呢？我们所受的教育中一直提倡的“成功”，是大多数人心里直接反映出来的答案。不过也有少数人正走在寻找答案的路上——这些寻找答案的人，通常与众不同，他们意识到，这世界上普遍定义的答案和自己内心的答案之间，似乎有所差距，而内心的答案又暂时无法定义，所以需要自己探索和追寻。

这世界上普遍定义的“成功”，基本可以用三个词来衡量——成就、财富、权力。基本上你做的事，如果是奔向这三个目标，人们就觉得你在做“有用”的事，反之就会被认为是碌碌无为、虚度光阴。当然，你在意人们会以此评价自己，通常表示你也会以此评价自己。

如果在成就、财富、权力之中，你获得了某种被众人瞩目的成绩，那你就算是“成功”了。如果这三者你都拥有，你就是人们眼中的“人生赢家”，并且在这一标准所辖之地，你说什么都是对的。

每个时代、每个时期都有各自“成功”的标准。耳濡目染之下，我们的系统不需要手动设置就会自动运行，追求这一时代世俗标准之上的成功，是一件想都不用想的事。如果符合“成功”的标准，就被我们认为是“好”的；如果没达到标准，就被认为是“不好”的。

那么，当我们没达到“标准”，我们也会认为自己是“不好”的。而一旦你认为自己“不好”，就很难感受快乐、享受喜悦的状态，很难放心、放手地活在每一个当下。时而梦想成功，时而陷入绝望，这些希望通过成功印证自己“好”的日子，是这个“成功游戏”里最痛苦难熬的时光。

所谓成功是一场终将失败的游戏

你说：那我“成功”了，不就行了吗？

可惜，虽然我们看到的成功故事总是“一白遮百丑”，但事实上，成功只是无常的一部分。这是一场终将失败的游戏，这个游戏中很难有永远的赢家。

无论从财富还是权力与成就的角度上观察，我们身边都有

太多跌宕起伏的例子。金融危机、自然灾害、市场变化、动荡灾难……今天还是商业明星，下一刻就面临破产、负债的压力。今天还大权在握，明天就深陷危机。虽然低谷时还可以卧薪尝胆东山再起，但继续向前，总还是会经历家族的兴衰与没落。即使在历史上封神已久，也随时可能被推倒雕像，一次次被无常的浪潮推起再吞没。

正因为如此，有些朋友退而求其次，选择追求相对平安稳定的生存状态，不求有多成功，但求别出错。比如，找个一辈子稳妥、不裁员的工作，找个四平八稳、不出轨的好人结婚，再有一个听话、争气、不添乱的孩子，那这一生就算安稳圆满，成就不凡。

虽然这些会带给我们一些平安幸福的感受，但如果我们把这一过程与人生的成功关联在一起，自然会感到焦虑和担忧。这种焦虑和担忧不仅会淹没我们偶尔幸福的感受，还会让我们陷入困境之中。比如，有些朋友很难从痛苦的婚姻中解脱出来，因为她无法面对自己对自己“失败”的评价。但谁又会说所有的感情和关系都不会变化呢？还有的朋友期待自己的伴侣成功，自己因此就感到成功。这个方程式里的变量更多，期待与痛苦总是成正比，而痛苦的关系，迟早会把双方的忍耐耗尽。

在这个“成功”的游戏中，虽然有一时输赢的指标，但无论如何也逃不掉世事无常的规则。你觉得你会品尝到成功的快乐，但亲历其中，大部分时间都只有对无常的恐惧，而痛苦正是来自对无常的恐惧。

痛苦意味着我们局限了自己的选择

陷于痛苦，意味着我们局限了自己的选择。在我们的一些信念中，我们认为只有达到了某个标准才会摆脱痛苦，甚至才“配”摆脱痛苦，这一类信念让我们看不到其他通往幸福的路途。

通过教育、体制、感受和耳濡目染，我们过往接受的那些标准以及加诸其上的评价体系，形成了我们的价值观念。而这些观念很多带有局限性，成为我们内心中的“限制性信念”。在一些限制性信念中，我们把“成功”的标准与存在价值联系了起来，好像我们不进入通往成功的赛道，就会失去自我价值。当我们认为“自我”的存在感，依附于这些成功的标准，我们就看不到其他的东西。我们用这些信念限制了自己的自由。

如果把自我的存在与价值依附于某些标准，你就无法脱离这些标准而生活，你和这些标准产生了粘连的关系。这也意味着，你与因被限制而引发的痛苦产生了粘连的关系，它们就像套在你身上的枷锁，成了你身体的一部分。

你并不一定真想成功，你只是害怕你不成功。如果你觉察不到这一点，就会从一个痛苦走向另一个痛苦，无论取得多大的成功，你仍然痛苦，即使有快乐点缀其中，也是稍纵即逝、微不足道的。

痛苦是我们潜在的“决定”

有时候你会发现，有些朋友并不一定希望解除痛苦，他们暗暗觉得，痛苦会带给他们一些“益处”。我们大部分人多少都会有这样的潜在信念：受苦意味着某种光荣。

我们总是无意识地重复痛苦，虽然嘴上说不想痛苦，头脑里也不想再被痛苦折磨，但却仍然感到痛苦。我们没有意识到，痛苦是我们潜在的“决定”。

痛苦是如何捆绑住我们的呢？有时候，我们在潜意识中认同痛苦是重要的价值——“你看，我没成功但我尽力了”，没有“功”劳，还有“苦”劳；有时候，我们寄身于受害者角色，使自己不用为自己负责——“我都这么苦了，我还能怎么办，你们怎么还不救我”；有时候我们迷失于“我不够好、我不配得”的核心信念，每到眼看成功的最后一步，总是状况百出，让努力毁于一旦……

我们信奉“有压力才有动力”“吃得苦中苦方为人上人”，我们把生活交由恐惧驱动，甚至依赖恐惧，把恐惧当成自己得以发展的唯一动力——恐惧带来的动力的确快速有效，但我们的生命也消耗在依赖恐惧的痛苦之中。

我们跑得很快，只是因为有恐惧的怪兽在追赶，即使“冲线”也会坐立不安，再次奔跑不敢停歇。我们以为有一天会摆脱恐惧的追赶，但等来的往往是死亡的终点。

显然，这些“益处”并不是我们真正想要的，而是限制性信念和习惯性观念得以证明自己的“益处”。

痛苦提醒你在何处醒来

在生活中，还有一小部分人在有意识地穿越痛苦，他们带着相对清晰的意图。比如运动员进行魔鬼训练，比如一些艺术家通过品尝痛苦寻找灵感，比如一些苦行僧通过身心苦修希望取得修行的进阶，甚至比如你去拔牙。

如果你带着“成长”的意图去有意识地经历痛苦，痛苦就变得清晰可见，也容易被接纳——会让你穿越痛苦更轻松一些，因为它是带着对自己的爱。

还有极少一部分人，他们意识到痛苦之处即是自己觉醒之处。而觉醒意味着你颠覆了曾经影响你的“成功”剧本，你不再是“成功”的奴隶。

如果有一天，你彻底厌倦了你的痛苦，那是命运带你来到一个转变的路口——也许你会意识到，那些被“成功”所主宰、被恐惧所驱赶的生活，并不真实。在被恐惧追赶、在痛苦中煎熬的时间里，你既依赖未来又抗拒过去，同时你失去你唯一能真正感受到的时光——你的当下。

外在痛苦的过程，看似有着各种成因和机缘，实际只是我们内在不同层次的创造。若我们的信念是“不够好”，就会显现出“得不到”；若我们焦虑自己的地位，就总会看到威胁；若我们的观念是“历尽艰险才能成功”，就会忽视身边唾手可得的财富和礼物。同样，我们要体验勇气，就要先虚设强敌；要体验坚忍，就要先显现磨难；要体验觉醒，就先要创造一环套一环无止境的大梦。

在漫长的生世中，在最深处驱动你熬过痛苦的不是“成功”，而是你最终会在痛苦中醒来。

如果我们带着成长的意图观察生活，就可以看到我们遇到的每一个痛苦都会带来对自己新的认识，都会让我们再潜得更深入一些。如果带着觉醒的意图，我们会立即走进此刻内在的爱中。我们试图寻找的，我们早已拥有；我们试图寻求的未来，就发生在每一个现在。

“成功”是你扎根于爱的感受，是你出于喜悦的动机，是对真理的探索，是你每时每刻安住于此时此地的自己。

今日练习

找一个安静、无人打扰的地方，舒服地坐下来。

做几个深呼吸，让自己逐渐安静下来。

现在，请你回想一下，你是否曾经害怕死亡？

对于死亡，你最大的恐惧是什么？

再回想一下，对于生存，你是否会有恐惧？

对于如何度过这一生，你是否会有恐惧？这些恐惧和对于死亡的恐惧，有相似之处吗？

现在，再做三个深深的呼吸，让自己安定于自己的中心。

再想一想，如果你的生活依然带着这些恐惧，是你想要的生活吗？是你使用生命能量的最佳方式吗？

再想一想，如果没有这些恐惧，你的生活会是什么样的？会改变吗？

现在，让自己静静地待在此刻的感受里，直到你觉得可以了的时候，结束这个练习。

金钱的能量，是爱的能量

生命的来去之间，每一笔钱都只是“借”来的，你并不真正“拥有”金钱，你拥有的是每一刻爱的能量的体现。

对金钱的匮乏往往意味着对爱的匮乏

我们大部分人都会对金钱的话题感兴趣，因为我们或多或少都会感到对金钱的某种匮乏。我们可以意识得到这种匮乏，但也许只是一种隐隐约约的感觉。我们都希望更有钱，也就是说，我们会觉得我们拥有的金钱，无论多少，相较于我们的期待，都还是不够的。

这无关对错，无关“应不应该”满足或“应不应该”期待，这只是一个可以观察到的普遍现象。无论是亿万富翁还是负债累累的人，都会对金钱有某些相似的感受。

对金钱感到匮乏，通常代表着在我们的内心深处，有几种不确定感：第一，对生存和安全的不确定，我们对于自己的安全感到匮乏，有多少钱都不一定有安全感；第二，我们渴望通过金钱让自己感到不断被认可、被接受，我们不确定自己是否能不断达到被认可、被接受的标准和条件，无论是被他人接受，还是被自己接受；第三，我们希望通过金钱满足我们“改善、改变和掌控”的欲望，我们对“我能够去改善、改变和掌控”这件事感到有所匮乏。

我们很容易发现，这三种不确定，都是一种相对封闭而非开放的状态，都与我们对于爱的匮乏有关。

我们不确定自己存在于无条件的被爱之中——无条件地被他人所爱、被这个时空所爱。我们也无法付出我们没有的爱。我们渴望通过金钱的流动填补爱流动不到的地方。我们觉得拥有金钱，就会让内在最深处的爱的匮乏得以填充。

我们都想感受舒适、平静，享受热情和愉悦，我们都不想处于焦虑、恐惧之中。我们想逃离非爱的状态，让自己置身于一种爱与被爱之中。通过金钱这种外在的能量，每个人想得到的是，自己能更好地爱自己、爱他人。

你不断挣钱，这让你感到自己值得去爱、值得被爱；你不断花钱，感受和实践你对自己的爱、对他人的爱。金钱的能量在爱与被爱的流动中运行。

然而，如果我们没有扎根于内心源源不断的爱的本质，没有找到内在本自具足的爱，我们就会时常处于内在的匮乏中，而体现出来的就是“对金钱的匮乏”。对金钱的匮乏往往意味着对爱的匮乏。

当你处于内在匮乏中，无论你拥有多少外在财富，你都会觉得“不够”；如果你内在富足，爱的能力会推动金钱以健康的方式流入和流出。

不为爱而来的金钱，将不属于你

如果你的钱还不处于“爱的流动”中，那这笔钱还不算“真正属于你”。

你花钱美美吃了顿饭，花钱给自己、给家人买了礼物，这时你真正拥有了你花掉的钱。你花钱听音乐会、花钱去旅行、花钱去学习去充电……这时你也真正拥有了你花掉的钱。而那些还未被你使用的钱，还不算真正“是你的”。

假如你不断挣钱，但钱只在你这里囤积，并没有再次流动、流通，这时钱没有形成一个流动的能量，钱没有造福任何人。这与我们为金钱这个能量赋予的意图有关，我们来探索一下这背后隐藏着哪些潜在的意图。

当你害怕钱被花掉后就可能不再有了，你将你内在的安全感依附在外在的金钱上；当你觉得身家多少的数字才是成就，你将你存在的价值感依附在金钱上；当你因为在金钱数字上比他人有钱而感到得意，那么金钱则投射出你对自己“不够好”的恐惧，以及因恐惧带来的无意识的贪婪。这时，你会紧紧抓住金钱不放。

如果我们把时间拉长一些，我们会看到，所有积累的金钱都会被花掉，也总会被补充。当钱花在你所爱之处，你会觉得充实，觉得被滋养；而当因内心恐惧和匮乏而花钱，当你因试图被认可而花钱，当你为证明自己而花钱，你总是会感到无力而空虚。

如果一个人把钱用在爱的流动上，钱的能量就意味着创造；如果一个人以非爱的意图处理金钱，无论钱进钱出，对他都是一种消耗。

当你扎根在内在的爱中，整个宇宙的富足都会围绕你运转流动，这时你已不需要账户里要有多少具体数字。如果你挣扎在匮乏和恐惧之中，无论一时多么富有，最终也会一无所获。

我们通常意识不到，我们对于金钱的需要以及渴望是基于不同意图的：以爱的意图推动的所有金钱流动，都会让你充满了幸福；而以非爱的意图，比如内在“对爱的匮乏”投射出的“对财富的极度渴求”，那么即使获得财富，财富也会因某些非爱的原因莫名离开，在这个过程中，我们得到的依然是匮乏。

金钱的能量是爱的能量，但并不是所有金钱都能带来爱。因你的爱而来的金钱会印证你的爱，因你的匮乏而获得的金钱最终也会印证你的匮乏。留意我们的每一个心念，每一个心念都会在宇宙中创造出与之相应的财富磁场。

让金钱健康地流动

这个世界上有无数关于金钱的游戏方式。你会学到怎么挣钱，怎么理财，怎么创造价值，怎么赢得竞争。你会看到有人日进斗金，有人投机暴富，有人收支平衡小富即安，也有人一夜溃败再难翻身，还有人千金散尽还复来。

一个人无论处于什么样的财富状态，都是在经历他在此生需要体验的内在挑战。他以应对自己的财富状态的方式，表达他所认识到的“自己是谁”。

有的人有钱但空虚焦虑，有的人没钱也空虚焦虑，有的人有钱又内心富足，有的人没钱同样内心富足。有些人建议人们要保持对金钱的饥饿感，但我更欣赏一个人在任何处境下所展现的内在富足感——一种爱的富足感。

你可以很容易感受到，爱的富足感是一个较高的能量振频。饥饿感让一个人向外抓取金钱，而拥有爱的富足感的人，只要他需要，他就能创造金钱，因为这个宇宙的心和他的心是同一颗心。

当你内心充满爱和富足，你会让金钱以爱的方式流动，你也会被金钱的能量所滋养。但金钱到来的方式，并不一定以你期待的方式。相反，当意图里没有爱，即便短暂拥有金钱，最终也会竹篮打水一场空。

有人说，你看很多好人却没钱、受苦、不快乐，而坏人却发了财，这怎么解释呢？好与坏是这个人给我们的印象，但我们并不知道他的内在是否富足、是否不匮乏。当一个人处于爱的富足感中，他自然会洋溢着快乐。有些人行善是出于爱，而有些人行善则是出于恐惧和害怕，比如害怕“被神惩罚”、害怕被他人评价等。当然，行善客观上总比伪善、作恶值得称赞，这里只是引导一种向内的觉察，并无评判。

对于一个所谓坏人甚至恶人来说，不是基于爱而来的金钱也终将不属于他，他也会被贪婪所累，在恐惧中消磨一生。而我们需要觉察的是，当我们看到一个恶人发财时，我们的情绪和感受是什么呢？我们是否离开了内在平静富足状态呢？我们是否离开了自己的中心呢？

有些人背负很多债务，如果他借的钱是真正出于爱的需要，是被爱的意图所推动的资金流动，那么最终他的负债会被清零，所有借的钱都会被偿还；如果他借钱是出于贪婪，那有可能他自己会用其他方式的能量——比如健康、生命或者其他的消耗——去填补这个空缺。

如果你背负债务，请你此刻就开始把你的心念转化到爱的频率上，把你使用金钱以及获取收入的意图调整到爱的频道上，让自己以爱的意图运作金钱的流动，那么你会慢慢使这个能量状态发生移动、发生改变。

如果你只是被欲望驱动，被匮乏驱动，被偿还债务的恐惧驱动，那么你可能会从一个坑跳到另一个坑，并且一直处于这样的循环中不能自拔。当你因匮乏而极力向外抓取或渴求被外力拯救时，你会制造更多的匮乏。

金钱是爱的能量

你内在本来就有无限的爱，你本自具足，但自你拥有生命起，每一步的“分离体验”会给你带来一个信念——你认为自己是有所缺乏的、不完整的。于是，你试图向外找到什么以填补自己，你觉得这是对自己的爱，但这是一个错觉。爱自己并不是填补自己的匮乏，爱自己是重新发现自己即是那个最深的、本自具足的爱。

在这个过程中，你会发现，所有之于你的金钱流动，最终都会帮助你绽放出内在的爱，让你更加地接纳自己、认可自己，让你对自己负起责任，让你臣服于内在无法计算的智慧。

当你还没有意识到你的本自具足，你自然会对你的匮乏、脆弱和不完整感到恐惧，自动地向外抓取金钱的能量，但这样即使你一时抓到，最终还是会失去。

人们总是在无意识地创造境遇来印证内心的信念。当你的信念是“我是匮乏的”，你会关注所有的匮乏状态来印证自己的匮乏。如果这种感受还不够深刻，你会再用“得到金钱最终又失去金钱”这个戏剧性的过程，再次印证自己的匮乏。

但你终会来到一个时刻，审视自己的心路历程，重新认识自己的内在价值。当你觉察到这个过程，你就开始了你的转化。

所以，无论哪一种金钱流动方式，最终都会让你回到向内探索自己本自具足的路上。当你的信念是“我是圆满而富足的”，你就会在生活中印证你的本自具足。

举个例子，比如说有人给我们的事业捐了一笔钱，说：“感谢这么多年你们支持我的成长和转变，你们可以用这些钱支持更多人，也可以改善你们的生活。”如果我们带着不同的意图和信念使用这些钱，就会发生不同的作用。如果我们的意图是基于匮乏的，比如“哎呀，苦熬了这么多年，赶紧补充一下”，那么这笔钱就很容易被消耗掉，无论为自己还是为他人都带不来多少正向能量；如果我们的信念是“我是值得的”“我是充满爱并足以付出爱的”，我们的意图是传递更多的爱——对自己、对他人的爱——那么金钱就会带来感恩、激励和创造，带来爱的正向流动。

金钱一直都是爱的能量，帮助我们随时觉察我们的意图和信念。

有时候在冥想中，我会引导大家观想自己和金钱之间的障碍，其实，这也是帮助大家看到自己和本自具足的爱之间的障碍。找到你和本自具足的爱之间障碍，也意味着找到你和金钱之间的障碍。清理这个障碍，就会理顺你和金钱之间流动的关系。

人生一来一去，最终你带不走一分钱，你所体验的是你生命的质量，而你生命的质量取决于你爱的质量。这一生中金钱的流动，都在帮助你沉淀一份份爱的质量。

生命的来去之间，每一笔钱都只是“借”来的，你并不真正“拥有”金钱，你拥有的是每一刻爱的能量的体现。

今日练习

静坐，无论在椅子上还是垫子上都可以。

闭上眼睛。

做三个深深的呼吸，感觉自己的身体和精神，都随着呼吸慢慢地沉稳了下来。

慢慢地，让自己沉淀在平静中。

想一想你为什么需要钱，觉察自己对钱的期待，觉察期待背后想满足什么需求，觉察需求背后有没有某种缺乏感。

然后，把你的呼吸带到你心轮的位置，深深地呼吸，让自己扎根在内在的爱中。

让内在的爱转化自己的匮乏感。

想一想，你会以什么样的爱的意图，运作金钱的能量呢？

当你觉得可以了的时候，做几个深呼吸，结束这个练习。

生命会给我们最好的，只不过常常超出我们的预料

你之所以和一个观念偶然相遇，并被它影响多年，你冥冥中的选择只是为了缠绕和编织一个你需要突破的“茧”。你选择了这个茧，是为了通向你更高的目的。

倾听金钱与成功带给你的信息

有很多经典之所以成为经典，是因为你在生命的不同阶段看它们，它们总会反馈给你以前没看到的意义。有时候我们看大自然也是这样，大到山河湖海、宇宙天空，小到尘埃种子、各种粒子，你带着不同的生命体验去看它们，它们会向你传达不同的意义。

有些朋友想了解人体的“七脉轮”，往往抱着某个脉轮对应某个问题、缺哪补哪的目的，但在有了一定的生命经历之后，

再看七脉轮所蕴含的能量，就会从一个生命的自然成长调频以及灵魂目的的角度，去看待这些脉轮所带来的启发。

金钱和成功也是这样。当你倾听它们的声音，在你的不同阶段，它们会反馈给你不同的信息。

比如我自己的经历，我的第一次创业还算成功，在我觉得“有条件”去做一些自己感兴趣的事之后，我就一直寻找自己兴趣和事业的结合点。现在回头看，那时更像是被某种无意识所驱动，一方面有一种力量驱使你奔向自由，另一方面又有另一种力量试图证明奔向自由也是可以获得成功并得到认可的。

这种状态持续了很长时间，在做“心探索”之前，我有过很多尝试和体验，大多都和“好玩儿”密切相关。后来发现，我做的很多感兴趣的事都能旗开得胜，在别人看来也轰轰烈烈。但再往后发展，这些事情就会与普遍意义上的成功有着越来越远的距离，直至我难以承受这种矛盾。所以在这个阶段开展的很多项目，尽管好玩，但并没能为我带来很多金钱的收益，反而往里搭了不少钱。于是，曾经觉得好玩的，反而变得不好玩了。

我在不同的阶段会对这些经历有着不同的解读。如今回头看，就像看到一级级隐藏的阶梯，每走一级，都是在指引我走

向一些当时无法想象的目的地。

在一次冥想中，我看到我对“不能成功”有所恐惧，也看到我对金钱匮乏引发的不安全有所恐惧。而这些恐惧则与一些潜在的信念有着强关联，这些信念包括“成功很重要”“金钱很重要”“不成功等于不存在”。这些信念把所谓成功与自我的存在联系在了一起。

如果你要证明金钱和成功很重要

有意思的是，人们都认为，在这个时代必须要有“成功很重要”“金钱很重要”的信念，才会带来成功和金钱。当然，在我们体验人生的某些阶段，事实也的确如此。比如在我第一次创业的过程中，我的确会把它们放在很重要的位置，尽管那时我看着像一个文艺青年。

头脑作为一种工具，会极大地帮助你解决具体问题，但你很难靠头脑去揣测命运究竟想让你体验什么。头脑中的信念也许会给你一块儿糖，但命运其实只是为了再给你一板儿砖，这样的戏剧冲突才会让你印象深刻。

信念总是会带着你去证明它是对的，但不一定是你以为的方式。

如果你要更深刻地体验“金钱很重要”“成功很重要”，你想的是通过获得金钱和成功——你想得美，往往你需要通过“金钱的匮乏”和“成功的不易”才会体验到。

你的操作一般是，一边拼命渴望证明自己，把目标定得高高的，一边饱尝金钱的匮乏，饱受创业的艰辛。反正怎么把自己逼上绝路，就怎么办。通过这波儿操作，你就更深刻地体验到“金钱很重要”“成功很重要”，并且印证了这些信念是“对”的，印证了它们在你运转模式中的至高地位。

所以，现实中要印证“金钱与成功很重要”的信念，并非只通过“顺利得到金钱和成功”这样的场景，而是通过我们自行塑造出的“金钱匮乏”和“成功不易”的情形——这样的情形，更能迫使我们不断强化“金钱和成功很重要”的信念。

如果我们专注于“金钱与成功很重要”的信念，我们自然就把巨大的力量赋予了这个信念。如果这个信念要占据我们心智中第一重要的位置，我们的生活就很容易跌入谷底。

这个觉察为我带来了巨大的改变。

更深入地觉察

在第一脉轮的能量中，人们建立了自己的物质基础和生存基础，然后继续发展，就到达了第二脉轮所代表的能量——自我的存在。在第二脉轮的议题中，人们往往会感到巨大的恐惧，这种恐惧与某种“死亡”有关，这种死亡并非身体死亡，而是“自我”的消失。

在我深入“金钱与成功”这个议题之后，我得到了一些新的信息。我之所以对“不能成功”有所恐惧，是因为我有一个潜藏的信念，这个信念把所谓“成功”与自我的生存性绑在了一起——“不成功等于不存在”。也就是说，如果不成功的话，你觉得你是不是相当于“死”了呢?

在理智层面，你很清楚这个联结是这相当荒谬的；但潜意识里有一个巨大的力量，就是把它们两个绑在了一起。于是，我就面临内在的冲突：一方面抗拒这两个的联结，试图呈闲云野鹤、坐看云起时、是非成败转头空状；另一方面，又有一个对生存下去的依赖，即对以“我”的方式取得所谓成功有着巨大的依赖。

这个依赖是怎么来的呢？

它可能来自童年时某些外在观念潜移默化的植入：比如童年时经历某种分离或心碎的感受时，我的某个看护人或长辈给我讲了一些英雄故事或对故事的解读；比如我很小的时候，因各种原因被“寄存”到亲戚家，也许在感受挫折、感受到生存有挑战的时候，一些关于成功与生存的观念不经意注入到了潜意识层面。

我抓住了这些观念，就像溺水时抓住了稻草，我把它们与深层的内在绑定到了一起。尽管外部环境已经发生了翻天覆地的变化，但在潜意识深处，我还是紧紧地抓着它们不放。而我自己对过去的事早已忘记，也完全意识不到自己会有这些信念。

有必要说明的是，在某些感受和情境中，你抓住了一个外来的观念，这并不意味着是谁的错，也不意味着是谁的责任，甚至这也不是完整的客观事实——记忆并不等于事实。

你之所以和一个观念偶然相遇，并被它影响多年，你冥冥中的选择只是为了缠绕和编织一个你需要突破的“茧”。你选择了这个茧，是为了通向你更高的目的。

宇宙中没有偶然，巧合是“神”的语言。生命会给我们最好的，只不过常常超出我们的预料。

那我们要怎么解决这个问题呢？

解除内在恐惧的动力

如果你对自己潜在的动力有所觉察，并且接纳了它的存在，你就已经开启了转化的旅程。

我们可以视内在的对抗为一种能量。当你处于静心中时，可以感受这种对抗带来的身体张力，可以尝试让这种对抗的能量在你身体中浮现出来，然后清理和释放。比如把呼吸带到那里，持续释放这个能量。

这个能量是中性的，不需要对它进行“好”或“坏”的评判。无论好坏,一旦你加以评判,它会更牢固地存在于你的能量场中。就算你说它“好”，也会这样。

你可以理解为，它是一个信使，它带给你一个解决生命议题的礼物，现在你收到了，你感谢它，然后放手。对于恐惧也是一样。

在意识层面，谁都知道在现实生活中获得丰盛是一件不错的事情。但在潜意识层面，我们会以什么样的动力去运作呢？如果我们基于某种恐惧，那很可能在现实中求而不得，或者像我在第一次创业成功后那样，可能会在初次证明自己成功之后，不断陷入一个又一个更高难度证明自己的挑战中。这一个个难关迟早都会遇到，直至我们认识到这种恐惧。

在生存恐惧的推动下，如果金钱和成功占据第一重要位置，内在神性就在一旁等待着我们的觉醒——等待我们有一天认清这些信念和印记之后放下它们。

当你放手，你会产生新的智慧和领悟，你会慢慢解开束缚，感恩你的经历，敞开并迎接更多的可能性。当你解开限制性的束缚，束缚之下一直与你同在的内在之光——内心最原本的爱，就会透出光亮。内在神性会帮助我们去推动和实现相应的事，以呈现我们生命真正所需的一切。

终于，当我们真正看到这一点，我们就会转向以爱而行。

我知道，这的确很难让人相信。也许我们会用很长时间，把自己撞得头破血流，才能走到这里，把不断接近内在的爱作为生命中最重要的事。而当你信任内在爱的光带你去往任何地方时，你就打开了一扇通往真正自由的门。

今日练习

闭目，关注呼吸。

慢慢地静下来。

想象你的内心深处有一片光，感受一下，你和光之间的距离，

你和光之间是否有阻挡、有干扰，它们也许像障碍物，也许像飘浮的云烟。

不断对光说：“我爱你、我爱你、我爱你。请内在之光清理我关于财富的所有信念、所有印记。”

感受你与光之间的障碍越来越少。

让自己不断体会这种感受。

当你觉得可以了的时候，结束这个练习。

你可以不断重复这个练习。

如何在现实的压力下，走出你自己的财富自由之路？

如果一个人处于幸福感和富足感中，他自然会吸引那些富足的频率、爱的频率。当他向世界展示出他喜悦而无私的能量，他自然拥有更多的机会、资源，并显现出更多的收获、更健康的金钱流动。

金钱、压力和自由

环顾周围，几乎每个人都面临着与金钱有关的压力。有时候压力来自觉得钱还不够，有时候来自担心钱会失去，还有时候来自因有钱或没钱而带来的关系上的、情感上的烦恼，或是别的意想不到的烦恼。

我们可以感受一下，当“一大笔钱”的意象出现在脑海的时候，我们多少都会心生波澜，内在有一些张力，产生某些兴奋或担忧的感觉。或者你可以问自己这个问题："我什么时候可以实现财富自由？"这时候，心里通常也会涌起一些不同原因引发的紧张。

"财富自由"这个词把财富和自由暗暗拉在一起，似乎财富是自由的某种代表，或是通向自由的必经之路。就像你知道的，这个"财富自由"所对应的数字也在连年增长，对普通人来说，几乎是天文数字了。我们看到这些数字时，仿佛得到一些暗示：自由？你还远远不配得到。

试着想一想"我也许永远永远都得不到自由""我离得到自由还有数不清的年头"，这时候你心里难免会拂过焦虑的阴霾，于是不得不掉转眼光望向别处，回避心中难以直视的揪心感。但阴霾不会因为我们回避而消散，阴霾之下我们只有盲目地奔跑。毕竟，除了这条路，我们似乎看不到其他的路。

那么，这条路之外真的没有其他路了吗？我们怎么看待金钱和压力，才会感到内心的平静？怎么转化金钱的压力，才会变得快乐且富有呢？怎样才能拥有自由呢？

谁创造了金钱的压力？

当你在金钱的压力下疲于奔命的时候，你的内在有一个不易觉察的需要——你需要“生存在这样的压力下”，尽管这个“需要”仿佛以“不得不”的方式出现，却有一些隐藏的动力——来自你的内心。

一直以来，人们认为在压力下生存，才会激发斗志和潜能，才会拼命奔跑。“人无远虑，必有近忧”，你不能成为一条慢鱼，否则会被快鱼吃掉；你不能成为一只不早起、不先飞的笨鸟，否则会饿死于没有虫吃。“吃得苦中苦，方为人上人”，有压力才能有动力赚更多钱，才能成为人生赢家。

一直以来，你被“不能达到某些标准的恐惧感”所驱动，或者说，你被你所缺乏的东西驱动。所以，你会不自知地制造“更多的缺乏”来驱动自己，你害怕自己失去动力。比如，你总是会看向一个更高的标准——比你更有钱、更成功的“别人家的孩子”，即使一段时间后，你也有同样多的钱了，你还会找到下一个“别人家的孩子”，来让自己觉得“还不够”；比如，有些朋友有钱之后总是会很快花掉，或者投资失败，以此营造一个再次打拼的动力；比如，有些朋友通过按揭、贷款、扩张等方式，让自己为了还款、填补缺口而早起奔波。

如果我们需要为自己制造更大的匮乏，制造更多的焦虑，才能驱动自己向前走，就说明此时我们的第一动力来自恐惧——只有放一只老虎在后面追赶，我们才能跑起来。而当你身后有一只饥饿的老虎时，又何谈自由、幸福与快乐呢?

有钱并不一定等于有自由和快乐。即使你跑得快，但后面有只老虎追着你跑，与你享受跑步也是两回事。

当你的全部动力系于恐惧之上时，你头脑里会不断制造那些让你感到恐惧的未来幻象，而为了证明恐惧是对的，你又驱使这些幻象显现为现实。尽管这不是你意识层面的真实意愿。

这时候可能会发生什么呢?即使有钱了，你也会把钱莫名其妙地花在意料不到的地方。也许投资失败，也许借给别人还不了，也许是家人出现意外必须花钱，等等。

你不断循环着跌倒再爬起的模式，不是因为屋漏偏逢连夜雨，而是因为你相信“有压力才有动力”；相信你若不被一个又一个的恐惧、匮乏的压力所驱赶，就不能体现你存在的价值。

当我们遇到一个有钱人，如果用心感受他的状态，是可以感受到他是一个被追赶的、充满焦虑的能量体，还是一个被热情和热爱点燃的能量体。这是两种不同的能量状态，散发着不同的频率。尽管赚取的金钱数字可能是相似的，但他们是具有不同能量状态的两个人。

为你带来压力的真的是金钱吗?

我们总是无意识地奔跑在布满压力的金钱之路上，而对为何奔跑不太能觉察，也很难觉察到。我们怎么就从夕阳漫步变成了夺命狂奔?

谈及金钱上的压力，大多数人会感到无奈：社会让臣奔跑，臣不得不奔跑啊。

比如，孩子要上学，有钱可以上名校，也许还要留学，这需要很多钱；万一孩子未来会在钱上遇到困难，还需要支持一下。比如，准备一套房子结婚生子；父母年纪渐渐大了，也需要经济上的支持，用钱换健康；除了赚钱养家，自己也有更多要花钱的地方，换一辆彰显身份的车子，按揭买套更大的房子……没办法，大家都是这样的，总不能和群体疏离了。

比如，在事业上，总得奋斗吧，得让人们刮目相看，得有野心、有上进心、有人生成功的标准。大家不是都说，比自己更成功的人还那么努力，我有什么理由休息呢。如果是创业者，那更不能错过一个个风口，资本、媒体、员工都盯着自己看呢，对赌完不成，就得从以前的创业英雄变成一个笑话，自己受得了，家里人也受不了。

在这样的压力下，有很多的企业家和高管都出现了各种健康问题，每个细胞都在为压力买单。还有的朋友在经济上不太能自主，比如老公是挣钱的主力，她自己要是花钱或想做一些投资，内心会有更大的压力，有时候想给父母花钱做点贡献，还得看老公的脸色。感情和金钱拉扯在一起，形成一种混杂着情绪的压力，让人时常陷入悲哀与失望。

当我们需要钱的时候，我们真正需要的是什么呢？当我们面临金钱的压力时，我们真正感到的是什么压力呢？

对有些朋友来说，金钱的压力源于生存，除了吃饱穿暖，金钱的数字还与自己的"存在"有关联，似乎在金钱上失败就意味着人生的失败，失去了"存在"的价值；有些朋友觉得金钱与自己是否被认可、被接纳有关，如果达不到某些标准，就达不到爱与被爱的条件，不能被家人、社会认可，更不被自己认可；有些朋友认为金钱意味着掌控力，与话语权有关，有越多的钱就可以越有力地对各种情况进行控制和改变，或者不被控制和不被改变。

金钱带来的压力，折射出我们对生存、安全、被认可、被爱、控制、改变感到的压力，对我们想要展现自己的独特性感到的压力。这些压力看似来自外部，来自社会环境，来自关系，实则来自我们内在的对抗。

金钱的压力就像老师和镜子，让我们看到我们自己。

已经在面对金钱的压力，要怎么办呢?

如果你现在已经在面对金钱的压力，要如何转化呢?

通常我们想到的是，发奋图强，努力挣更多的钱。在问题发生的直接层面解决，的确如此。然而，如果我们只在与问题发生的相同层面处理问题,即使问题解决了,往往也只是暂时的，甚至还会引发更多的问题。

比如，如果我们只把注意力放在如何拥有更多的钱，如何让更多的金钱流入，就可能会被吸引做一些投机的生意，做一些冒进的投资，孤注一掷豪赌一把，把自己的力量盲目交给那些承诺我们能挣钱的人……但这些做法很可能为我们挖下更多的坑，造成更多的匮乏。

如果我们没有意识到自己的内在模式，那么潜意识中的匮乏感、恐惧感总是会制造出更多的匮乏、恐惧，以此来证明这些匮乏和恐惧的信念是“对”的。

想一想，在这个过程中，我们是在被金钱支配，还是在支配金钱呢?

当我们深入自己的内在，找到驱动自己的模式，找到内在的症结，外在的表相才会发生根本的变化。所谓境由心生是内在的丰盛会带动外在的富足。在这里，有一个基本的转化是来自我们对金钱流动的心念转化。

我们可以觉察一下，在生活中、工作中，我们对于金钱的流入和流出有着怎样的感受？怎样的动力？对于挣钱和花钱，我们大多是基于匮乏、恐惧、贪婪、被迫的动力，还是基于爱的动力？

比如，同样是每月要还按揭：如果你是出于不得已、为生活所迫，你就会深感疲惫和压力；如果你觉得每个月有一笔钱是给予自己爱的，是为自己的幸福投资，是自己应得而配得的，那么，感受一下，你的心境也会随着视角的变化而变化。

同样是为孩子花钱：如果因为“内卷”而不得不花钱，你就会深感焦虑和无力，想一想孩子的未来万一不如别人，就感到无处不在的压力；然而，如果你是带着对孩子的爱而做出的选择，允许孩子选择成为他自己，并为孩子可以成为他自己而提供机会和平台，那么你和孩子都会感到轻松并充满热情，也会对自己的选择保持觉知而不会随波逐流。

在事业中，如果你因为要出人头地，让别人刮目相看，要迎合投资，担心“别人动了你没动”，害怕失败，无颜面对世界，那么你会随时处于紧张、焦躁和战斗的状态，每天被迫营业，聚焦于结果而疲于应付过程；然而，如果你带着对事业的热情和热爱，带着对用户的关怀、奉献和爱，你的每一天都会处于高频的滋养中，你的工作不再是靠意志力、靠打鸡血而咬牙坚持，而是在享受爱的滋养。

当你的心境发生变化的时候，你会处在不同的能量状态中：在第一种状态中，你充满被动的、匮乏的、脆弱的、焦虑的能量；在第二种状态中，你则充满爱自己的、滋养自己的、创造的、热情的能量。

而因为你的内在频率转化，你曾面对的压力也会得到转化。在作用力和反作用力的对抗中，那个把外界发生的事定义为压力的人变了——那个压力的感受者没有了，所谓的压力自然也就消失了。

在不同的能量状态中，你会明显体会到自己有着不同的感受。在第二种状态中，你会有一种创造美好生活的幸福感和富足感；你会洋溢着喜悦和快乐；你会去爱，而不是渴望被爱。

如果一个人处于幸福感和富足感中，他自然会吸引那些富足的频率、爱的频率。当他向世界展示出他喜悦而无私的能量，他自然拥有更多的机会、资源，并显现出更多的收获、更健康的金钱流动。

你收获的长久富足和自由，并不是来自匮乏与恐惧的压力，而是来自内心的圆满与爱。

今日练习

静静地坐着，闭上眼睛。

关注自己的呼吸，感觉气息正逐渐变得平缓。

想象一下，你此刻的呼吸与你作为一个无忧无虑的孩子时没什么不同。

你此刻的呼吸，就是你作为一个无忧无虑的孩子时的呼吸。

慢慢地呼吸，感受那个孩子内心深处的光亮，感受你内心深处的光亮。

慢慢地呼吸，感受这内心的光亮，它没有任何目的，也没有任何意图。

就只是静静地感受它，感受你的热情和最简单的喜爱。

现在，做一个深呼吸，带着你感受到的热情和爱，慢慢睁开眼睛，让周围简单的事物渐渐进入你的视线。

Part4

Part 4

…

转化内在信念，
生活是超越预料的奇迹

心念转化，你的世界就随之转化

当真正释放了某种蓄积已久的情绪能量后，你就再也不会被这种情绪能量困住。

世界焦虑我们才焦虑，还是我们焦虑我们的世界才焦虑？

想象这样一个场景，有天早上你去上班，当写字楼的电梯门打开，你看到电梯里的人都忧心忡忡，没有人微笑，每个人的脸上都写着焦虑，甚至神色慌张。你默默走进电梯，加入其中。

当你走出来时，也许就这么一会儿工夫，你的心情也会从一早的愉悦变得有些沉重，有些焦虑不安。你可能还会深吸一口气，让自己紧张起来，好像人们都那么紧张而担忧，你要是不紧不慢的就仿佛做错了什么似的。久而久之，你也成为电梯里忧心忡忡的一员。

有的伙伴说，是啊，我就是这样；但我也不想这样，我也想切换一下场景，透一口气，可是我的确就是跟一些忧心忡忡的人一起工作、生活。他们的焦虑和紧张让我倍感压力，甚至感到非常压抑，于是我的状态也变得越来越不好。

的确，环境总是可以影响到我们的心情和状态，不只是我们所处的人群影响着我们，就连每天的天气也会影响我们。如果每天都是雾霾重重的阴郁天，我们的心情也会逐渐变得忧郁、紧缩；相反，如果此刻蓝天白云、阳光灿烂，我们的心情也会随之灿烂起来，甚至跃跃欲试，想要放飞自我。

在这个没有焦虑也要制造焦虑的时代，我们往往会感到自己深陷在充满焦虑的场景中，且很容易被周围人的情绪所影响、干扰，被周围环境的情绪所席卷，不能让自己持续处于内在中心的状态。

那么，真的是阴郁的天气让我们内心变得忧郁的吗？真的是糟糕环境让我们变得担忧的吗？还是我们本来就有着忧郁、担忧的能量存在于身体里，只是遇到阴郁天气或者糟糕环境，这些能量被调动出来，开始与之共振，显露出来？

世界是你的镜子，你也是世界的镜子

我们所感受到的忧郁，并不是在阴郁天气中形成的，那是我们某种古老的心绪一直存在于我们的身体里。今天我们的忧郁和 15 岁时我们的忧郁，往往是同一个忧郁。只不过在阳光灿烂的时候，它没有表露出来，但并不意味着它不存在，只是我们没有注意到它。我们被周围的情绪席卷，只是我们调出了自己已有的一个频率，和外在的频率共振。

当你身处焦虑的人群中，听到他人向你倾诉他的焦虑、他的负面情绪时，你随之也会感觉有些糟糕。但真正让你感觉糟糕的，并不是他的焦虑。让我们焦虑的，并不是外面的那个人，而是我们内在一直存在着的焦虑和干扰情绪，此刻在与那个人所散发的频率共振。

有时候，这个外在环境不一定是情绪，可能也包括各种你受到干扰的状况。比如，就在我写这一段文字的时候，办公室外的走廊里，有一个小宝宝一直在哭，她妈妈不断在哄她，而我的注意力也被哭声带走了——一方面我在想这个宝宝是怎么了，需不需要帮忙；另一方面，我也希望静下来按计划完成手头的工作。这种对选择的纠结，调出了我一些细微的焦虑。当我觉察到自己注意力的落点时，我就成为一个观察者，我也看到那一丝焦虑，它来自我对结果的执着。这时，我放下了它，我就自然回到了自己的中心。这样，我可以清晰而平静地做出选择，比如是出去看看，还是继续工作，怎样都是最好的安排。而就在此时，那个小宝宝的哭声也停止了。

这些外在的情绪环境或干扰的状况，正好是一个机会，让我们看到平常在阳光下看不到的自己的另一面，让我们有机会打扫平常注意不到的灰尘，让我们处理很久以前就埋在内心深处的焦虑的种子。

在这个过程里，最重要的一步是，如何使注意力的焦点再次回到到自己的中心，如何能清晰觉察和辨识自己究竟在做什么——你是会被外界带走，还是可以驻留在自己的内在中心、驻留在自己安定的状态中，从而做出清晰的决定。

当体验到这个注意力由外向内的过程时，你可以清晰意识到你的焦虑究竟来自哪里。你的焦虑并不是来自周围环境，而是来自你身体中存在着未被完全释放的焦虑感受。

当你留意到自己存在着这些蓄积已久的情绪能量时，你就有两个发现：并非外界把焦虑或某种情绪带给你，你只是感受到了内在已有的焦虑或某种情绪能量；你是被自己内在的焦虑或某种情绪带离自己的中心，而不是被外在的人、事、物带离。

心念转化，你的世界也随之转化

顺着这样的视角，我们可以一步一步地看到自己内在的焦虑，然后去处理内在的焦虑。有很多种办法可以处理，比如通过一些正念或引导式冥想的练习，通过一些释放情绪能量的方法。当真正释放了某种蓄积已久的情绪能量后，你就再也不会被这种情绪能量困住。

同样，我们也是这大自然的一部分，我们也可以用自己的频率去带动周围的频率。

如果说环境中的普遍焦虑以及其他负面情绪就像沙尘暴一样，那么当完全释放了自己内在的焦虑和情绪能量时，你就不会成为沙尘暴的推波助澜者。在这个过程中，你就会成为这个世界中保持平静和安定的一分子，你就为这个世界做着爱的贡献。每个人都会喜欢你、爱你，因为你也帮助他们看到了他们自己内在的平静、自由与无限。你既是他们的镜子，他们也是你的镜子。

当你向这整个电梯间里的人微笑，你会发现，你的微笑如同向湖水中投入一枚鹅卵石激起的涟漪一样，水波振动着，向四周荡漾着。

这些电梯间里的人的情绪，也会逐渐与你的微笑共振。

今日练习

当你感受到周围环境中的压力、紧张和焦虑时，把注意力收回到自己的内在——它是一个机会，帮我们觉察到自己还有一些焦虑、紧张、压抑、恐惧等情绪能量，需要处理和释放。

做几个深呼吸，把注意力放在自己对呼吸的感受上。

慢慢回到自然的呼吸，继续关注呼吸的感受，让呼吸把你带到当下，感受自己逐渐处于内在的平静。

试着回忆一下你感受到的焦虑，感受这个焦虑的能量存在于你身体的什么地方？

你也可以唤醒你身体的感受，让身体帮你呈现焦虑的能量存在于哪里。

当觉察到这个焦虑能量在身体的位置，你可以意识到，你并不是焦虑本身，它也不属于你，它不好也不坏，而你是正在观察着它的更大的存在。

你可以放下，暂时关闭你的思考和对这个情绪的分析，就只是关注于你的感受。

然后可以简单地运用荷欧波诺波诺释放法①，反复对这个内在的情绪能量说：谢谢你，对不起，请原谅，我爱你。

直到你的感受变得好转。

①古夏威夷一种基于和解和宽恕的替代疗法，近20年更普及的解读是将它简化为一种清理干扰以达到零限制状态的方法，即对自己应用“谢谢你，对不起，请原谅，我爱你”这四句话。——作者注

你“在”的时代，就是最好的时代

“我们”是我们自己的责任，只有自己才可以对自己负责，这个时代不能为我们负责，就如同我们不能期待另一个人可以为我们的幸福、快乐和平静负责。

最好的时代，还是最坏的时代？

我们生活在一个什么样的时代呢，是一个“好”的时代，还是一个“坏”的时代？

有一句话很流行，总是出现在很多文章的开头——“这是一个最好的时代，也是一个最坏的时代”。这句话来自狄更斯的《双城记》，原文是这样的：

“这是一个最好的时代，这是一个最坏的时代；这是

一个智慧的年代，这是一个愚蠢的年代；这是一个信任的时期，这是一个怀疑的时期；这是一个光明的季节，这是一个黑暗的季节；这是希望之春，这是失望之冬；人们面前应有尽有，人们面前一无所有；人们正踏上天堂之路，人们正走向地狱之门。”

就像狄更斯所写的，这个时代、这个世界可以是一个最好的时代、最好的世界，也可以是一个最坏的时代、最坏的世界，它取决于我们的视角和选择。我们可以是智慧的、信任的、光明的、满怀希望的、应有尽有的；我们也可以是愚蠢的、怀疑的、黑暗的、充满失望的、一无所有的——每时每刻，我们都有选择，而任何选择都映射出我们的成长过程。

我还记得我的少年时代，就像每一个少年一样，总是带着一丝怀疑和忧伤看着这个世界——不如意事常八九，能与人言无二三，念天地之悠悠，独怆然而涕下，少年维特之烦恼，为赋新词强说愁……一代代少年就这么长大，不知道你是否也是如此，不知道你是否也问过：这个世界会好吗？

如今，对我来说，我想我生活在一个最好的时代，原因很简单，因为“有我”在，因为有我“在”。

“有”和“在”

我们并不是某种意义上的小人物，在此时此刻的这个时代里，我与你的存在，都是这个时代重要的一部分。

这个时代之于你，是透过你的眼睛看到的。你自己的眼睛、自己的感受、自己的言语和行动，组成了你的一切。我们在这个时代里，作为时代的一分子，如果我们成为那个我们觉得最好的样子，那么这个时代就会成为最好的时代。

什么是“最好的”呢？就像《与神对话》中所说：“最高的思维，永远是那包含着喜悦的思维。最清楚的话语，永远是那些包含着真理的话语。最崇高的感受，就是你们称为爱的那种感受。”如果我们成为这个最好的，我们也将透过这个时代的表象，看到时代运转背后的喜悦、真理、爱。

“我们”是我们自己的责任，只有自己才可以对自己负责，这个时代不能为我们负责，就如同我们不能期待另一个人可以为我们的幸福、快乐和平静负责。当我们的内在调节到更高的频率时，我们也将体验与之匹配的感受。而我们在这个时代所感受到的好与坏，就像镜子，映衬着我们对于自己感受的好与坏。当我们处在这些最高的感受中时，这个你所感受到的时代就会因此而改变。

如果我们承认这一点，我们注意力的焦点就会回到并驻留在自己的中心，我们就处于这个当下，并且我们为这个当下负责。只有在这个当下，我们才会真正地“在”。

唯一的时代

也许这个世界会给我们带来一些不好的感受，其实它们就是在提醒：我们该以什么样的成长，为自己带来内在频率上的改变？如果我们为自己带来了变化，我们也在为这个世界带来变化。

这就是我们之所以处在这样一个时代的原因——这个时代，是为我们的成长打造的；这个时代，是我们成长舞台的布景和背景。

我们在这个时代的剧情里，在这个世界的布景下，体验它们能为我们带来的成长和改变。我们在黑暗里体验光，在仇恨里体验慈悲，在伤害里体验宽恕， 在恐惧中体验爱，在冲突中体验平静，在分裂中体验完整。

当抛开我们所认为世界应该的样子时，我们就把责任放在了我们自己的肩头，只有自己才能为自己的一切幸福负责。

当我们看到这些，就会懂得，对于我们那些更高的目标来说，没有哪个时代比这个时代更好了，或者说，这就是唯一的时代。

我想，对你来说也是一样。你也同样生活在你最好的时代，因为，有你在。

是的，有你同在，对我来说这也是最好的时代。

今日练习

找一个不被打扰的地方坐着，不一定在房间里，在车上、飞机上都可以做这个练习。

你可以闭上眼睛，让自己放松下来。

关注自己的呼吸，感受气息在鼻端的一进一出。

自然地呼吸，放松地呼吸。

感受自己随着对呼吸的关注而逐渐地安定下来。

现在请你想象，有一个对你充满善意的人，无论是谁都可以，无论什么年龄、性别都可以。他的影像出现在你的眼前。

他平静友善地看着你，目光温和，没有所求和期盼，只有陪伴。

感受你也平静友善地看着他，没有所求和期盼，只有陪伴。

感受你的呼吸和你温和的目光同在。

如果你出现思绪、判断、猜测等任何想法，没关系，对它们说“是”，然后放下它们，再次回到自己的呼吸上。

感觉呼吸与目光的陪伴同在。

此刻，就只有呼吸，此刻，就只有陪伴。

当你觉得可以了的时候，做一个深呼吸，在心里对这个人的影像说：谢谢。

然后，感受这个影像轻柔地消失。

在心里说：谢谢你，与我同在。

寻找真相的旅途上，我们终会相遇

我们所认为的真相，在另一个层次上也许只是剧本中的一个桥段，也许只是一场逼真的梦中梦。

真相?

有一位插画师伊斯特万·巴尼亚伊（Istvan Banyai），于1995年创作了他的第一本童书《变焦》（*Zoom*），很有意思。我们制作了一个视频，可扫码观看。

视频中的这种体验，很像我们试图透过自己视角的改变，来挖掘真相。真相，真的是眼见为实吗？还是存在于更宽广而未知的维度里，以至于我们也不知道自己看到的真相是在哪一幕、哪一层、哪一个维度？

在你悲欢离合的人生背景板上，也许藏着一扇隐蔽的旋转门。推门进去，才发现，原来幕后还有导演、编剧在安排剧情，还有各种准备上台的群演在随时配合。再把视角拉高，也许高处还藏着一台巨大的摄影机，正在拍摄一部关于这部电影制作的纪录片……而这一切有可能又一瞬间烟消云散——你忽然醒来，发现一切只是一场等待醒来的梦。

随着人生旅程的展开，我们生命的意义也一层层展开，每个人都自知或不自知地走在寻找真相的路上。我们处在不同层次或维度的“真相”中，也许是我们的所见所闻、所思所想，也许是我们的直觉、感应，也许是某些难以言说的超凡体验。然而，在某一个层次上我们所认为的真相，在另一个层次上也许只是剧本中的一个桥段，也许只是一场逼真的梦中梦。

寻找真相的旅途

有意思的是，我们注定要穿越这些层级，去领悟那个我们能领悟到的最深的真相。我们每个人都走在寻找真相的路上，我们虽然往往浮于感官的表面，认同经验和分析，但最终会到达最深的真相。有人说，人类是地球上唯一追求意义的物种。那么也许在那最深的真相中，就包含了作为人在这里存在的意义；而找到真相，就如同我们在这人生历程中，完成了最终的使命。

这个寻找真相的过程非常漫长，在不同传统中有着不同描述，也许这个过程会超出我们这一次的生命，也许会瞬间发生，折叠如虫洞。在我们没有体验过这个过程之前，它完全是一片未知——也可以这么说，在你证明它对你是真的之前，你完全不用相信它，除非你体验到了什么。

对于有些人来说，在某一个时刻，他们在宁静中会听到自己内心的声音，感受心中还有一种更广阔而深邃的维度，也许他们还会感受到一些难以解释的指引。

随着这条路的展开，我们也会发现，旅途中的一切都为了完成这个指引，无论这趟旅途看起来是什么样的，其背后都有一些可以让真相浮现出来的布局和方式。也许我们早已知晓真相，只是这个旅途中有一个重要的部分，就是忘记这个真相——忘记我们究竟是谁。我们忘记得越彻底，寻找的体验就越深刻。在旅途终点，我们并非找到真相，而是记起了我们的真相。有些人称这个过程中证悟真相的时刻为开悟，有些人称之为觉醒。它叫什么并不重要，重要的是你的体验和感受。

在你亲自体验并证明这些之前，你不必认为这些是对的、真的或是好的，也不必一定相信这些，除非你体验过、验证过；只有体验才会带来清晰的知晓和了悟。

我是谁，你是谁?

所有的问题，最终都只有一个问题：你是谁？所有的言语、所有的感受、所有的行动也都在表达着一件事：你是谁？

当我们对我们“是谁”这个问题有着不同的体验时，我们会在人生中创造出不同的相遇，我们也会经历各种各样的分离。这是我们来到这个世界需要经历的必不可少的体验。

我们拥抱这个二元对立的生命体验，就要从万物的源头分离；我们体验现实的人生，就要先从妈妈的身体和怀抱中分离；我们要诞生一个叫“自己”的角色，就需要不断地经由外在的人、事、物而体验各种边界和界限，确认自我形形色色的身份……在这个二元对立的游戏中，没有相遇，就没有分离；没有忘记，就没有忆起。

我们就像流落他乡失忆的孩子，忘了我们是谁，在时空游戏中过着看似顺理成章的生活。可是，就像每一部讲述失忆的电影一样，总有些线索让我们感到怀疑：为什么命运会有这些安排？为什么我们会在此时此刻偶遇？为什么在此处会升起各种思绪？而这所有的剧本，究竟又是由谁的手写就的呢？

一直以来，我们都在隐隐地寻找着。我们在寻找什么？寻找成功、幸福、亲密？寻找喜悦、和平、自由？我们来此一生又一生，希望最终能体验“我是谁”——我们究竟是不是那最深的宁静、那最大的爱？

我们在一个阶段分开，又在下个阶段重聚

每个人在这趟旅途中，都会经历不同的阶段，有时像作茧与破茧，有时像入戏与出戏，有时像造梦与醒来。

作茧自缚时，我们不断用各种限制和对抗包裹自己，直至感到窒息，就像一辆“不得不”撞向南墙的车。我们沉湎于我们所创造的故事中，相信我们所处的角色和情节是真实的。直到有一天，这份窒息感让我们不得不挣扎着打破这个由情节和故事所作的茧，我们才能意识到其他可能。在这份窒息感到来之前，也许我们很难主动去打破它，也很难觉察到它，很多时候我们还会迷恋这个作茧的过程。

这段旅程同样也是一条必经之路，因为没有足够的束缚作为对照，我们很难体验自由；没有充分投入至梦境，我们也难以体验觉醒。这段旅程中没有所谓的对错、好坏，也没有所谓的快慢、高低，每个人都在自己的路上，每一段过程都值得尊重。

我们每个人都如同失忆的跋涉者，忘了任务是什么，忘了目的地，没有地图，也没有说明书；但我们还是会隐约感受到一些指引，有些人会感到这些指引在心中逐渐变得清晰，有些人还不一定有这样的感觉。但无论怎样，我们都同样在这个时空维度上旅行着。

如果你被以上内容吸引至此，也许此时此刻，你正处于某个临界时刻，你会有一些感同身受；但你身边很多人也许并没有和你类似的感受。每个人都有他自己的历程，就像你也有你自己的历程。

然而，无论我们旅行到了哪个阶段，我相信终有一天我们注定会重逢，并且认出彼此真实的样子——尽管我们在舞台上互相伤害，但在后台我们曾彼此说戏，研究什么剧情才显得逼真；尽管我们如两个互不相识、相隔遥远的细胞，但我们却是同一个“我”的不可分割的部分。

推开世界的旋转门

有时你会隐约觉得，在这个世界的某一角落——或者就在你心灵的深处——有一扇隐藏的旋转门等待你推开。在这扇门的后面，也许是失忆旅行者的任务书、目的地，也许是地图，也许是宝藏。也许这扇门推开一层，还有另一层。

门的这一边，是我们的机遇、身份、情绪，以及所谓的命运、人生的模式；门的另一边，是我们隐藏着的渴望、期待，以及更隐蔽的限制与匮乏的信念。门的这一边，是我们读书、恋爱、奋斗、结婚，是生活的每一次抉择、每一段轨迹；门的另一边，隐藏着我们无法意识到的选择和指引，带着我们一步步走向一次觉醒。

门的这一边，有时间和空间的舞台，我们饰演的角色有悲欢离合；门的另一边，是宇宙大戏的编剧、导演，是等待我们从角色中归来的家园。门的这一边，是伤痕累累，是痛苦与无常；门的另一边，只有喜悦、完整、爱与宁静的礼物。

门的这一边，熙熙攘攘的是生命中的过客与旅伴；门的另一边，每个人都是我们自己。门的这一边，我有无数的身份；门的另一边却只有那个真正的“我是谁”。

看山是山，看水是水；推开一扇旋转门，看山不是山，看水不是水；再推开一扇门，看山只是山，看水只是水。

为了推开这扇门，我们创造了每一天——充斥着各种工作、生活、关系，各种痛苦、欢乐、恐惧。直到有一天，我们用生活把知识活成智慧，用破碎后的重生，感受宁静与完整；我们通过为他人付出让自我成长成为无为的管道，我们才能真正带着这个体验说：是，我就是那个爱与自由。

我很高兴能够在此刻与你分享，无论你现在是否可以理解和感受这些内容，它都有它的意义，所以谢谢你在这里，也谢谢我在这里。

在这个美妙的旅程中，我们终会遇到这一天，或者它就是那唯一的一天。

今日练习

静坐，慢慢地闭上眼。

关注自己的呼吸，让自己在对呼吸的关注中回到当下，回到自己的中心。

就像任何正念呼吸练习一样，感受自己的呼吸，让注意力完全投入到呼吸中。如果感到注意力被其他念头、情绪等带走，觉察并接受它们，再把注意力回转到自己的呼吸上。

想象所有的念头、情绪，以及所有你认知自己的身份、性格、标签等就像白云掠过，而你只是观看它们，就像白云背后永恒的蓝天背景。你感受到的一切、认知到的一切如白云一般，而你只是观看它们，你就像那蓝天般的背景，只是看着它们来来去去。

让自己停留在那个蓝天的背景之中。

充分体验这种感受后，可以结束练习，慢慢地回来。

我们越清晰，意味着我们越自由

那些真正有效的疗愈，其背后的秘密不是做加法，而是回到简单的内在能量状态。

越复杂的寻找，越找不到内心清晰的答案

木工房里，有一个木匠丢了一块手表，他赶忙招呼同伴和他一起找。他们翻腾着地上的刨花和木屑，把半成品的家具搬过来搬过去，找了半天，可就是找不到。等他们都出去了，木匠的儿子悄悄走进屋，不一会儿，就找到了这块手表。

木匠很奇怪，我们这么多人折腾半天也没找到，你是怎么一下子就找到的？儿子说，很简单，你们走了以后，我就只是安静地坐着，一会儿我就听到手表嘀嗒嘀嗒的声音，循着声音

很快就找到了。

我们总说倾听内心的声音，但通常，每一刻我们头脑里都会有无数的声音，这些声音带动胸中各种各样的情绪涌起，让我们无法辨别什么才是所谓内心真正的声音。

我们的内心越混乱、越焦躁，就越希望从外部快速抓取到答案。而当我们把自己的中心移到外部时，我们就离自己越来越远，试图抓住一些幻象如救命稻草。我们把“稻草”当作自己的中心。

没有清晰的问题，怎么会有清晰的答案呢？为了寻找答案，我们就这样离开简单，走向复杂。每天我们都在忙碌地寻找，内心却感觉一无所获。

处理干扰的方法，不在过去和未来

通过内心的寂静可以抵达清晰，但我们又如何抵达寂静呢？静置一杯浑水，沙尘落下，水会变得清澈。浑水的本质是清水，只是混杂了沙尘。在我们之内，我们拥有内在的寂静，我们不需要到外面寻找寂静，只需要清理抵达内在寂静的障碍。

通常，这些障碍来自某些情绪、限制性信念或强迫性欲望。

我们被这些情绪、信念、欲望束缚着，甚至已经习惯了这些束缚。

我们想清理的这些情绪、信念、欲望是一种能量，藏在我们身体某处。如果我们未曾充分看到它们、充分释放它们，它们就还在那里。它们就像天上的云，时有时无，聚散难测，却让我们不时感到阴晴悲欢。通过对情绪能量的认识，我们就可以找到让这些情绪能量释放的途径。

我们能接触到的途径有很多，以我尝试过的方式来说，最有效的途径往往是绕过我们的头脑意识，直接作用于潜意识层面，甚至直接作用于能量层面，比如引导式冥想、精通情绪法、圣多纳释放法、荷欧波诺波诺释放法等。有意思的是，对于头脑来说，这些方法往往显得太过简单——困扰我们一生的问题，这么简单就解决了？

我们喜欢做加法，因为我们觉得我们的困难源于“还不够”；但那些真正有效的疗愈，其背后的秘密不是做加法，而是回到简单的内在能量状态，如孩子一样纯真，如大自然一样朴素。

这种回归简单背后的意义是深远的。我们找寻了很久的秘密，就藏在手边的旋转门里，这扇门近在眼前，但发现它却要花费一生甚至超过一生的时间。

请不要相信我说的任何话，除非你能够证明它

我很喜欢圣多纳释放法中的一句话："请不要相信我说的任何话，除非你能够证明它。"在这个信息庞杂的时代，面对各种神奇方法和各种权威头衔，拥有一种独立思考的态度，可以让我们既不盲从，又乐于实践。

任何美食，自己尝过以后才知道好不好吃、是不是你的菜。任何方法也是如此。那些经过实践之后对自己有效的、可以拿回自己力量的、可以感受到爱的，就是我们的正途。

而我们习惯于去外界寻找和抓取，期望有一个救世主向我们抛出闪着炫光的稻草。我们的心，沉溺于我们自己的浑水中，越搅动，越浑浊。

任何理论都需要经由实践，才能获得属于我们自己的经验，才能转化为自己的智慧。通过信息采集和逻辑思考得来的，只是借来的智慧。只有我们经过反复应用，发现确实给我们带来了帮助、成长和进化的，才是我们自己的，我们才会自然地反

复应用它。

如果我们仅仅去追随某一位导师，或在避世的环境中学习某些方法，而不去把这些方法应用到生活里，那么这些方法就永远不属于我们，还是属于导师、属于特有的环境而已。这就是为什么很多方法，当失去了它的导师之后，就失去了生命力，追随者也变得更加迷茫，甚至迷失了自己。而另一些方法，当你学到了、用到了，甚至不需要再见到你的导师，你都可以在生活中应用它们，它们就可以在你生活和工作的点点滴滴中发光。好的方法，自己是有生命力的。

大道至简，上路却得随缘

“请不要相信我说的任何话，除非你能够证明它。”要很容易地“证明它”，前提是这些方法要足够简单。

我一直练习的方法都足够简单，比如大家熟悉的正念冥想、引导式冥想，比如各种干扰情绪的释放法，比如一些大道至简的能量体验，比如我们制作录制的转化引导音频，这些都足够简单，简单到人们都不相信能为自己带来改变。然而，时代在改变，人们习惯的外力救赎方式只是过去时代遗留下来的记忆，新时代我们每个人都可以拥有自我转化的工具和手段，那一定是简单的。

为什么会简单？简单缘于你“本来就有”。

我们生来简单，本自具足。在这个角度上，我们并不需被教育，而只需被唤醒和忆起。当身处大自然，仰望星空和宇宙，我们往往可以感受到一种内心的联结。在我们内心深处，我们拥有所有的智慧，答案早已在我们的心里，只不过我们把它遗忘了，我们设置了障碍。

然而，简单的路却并不容易走。我们不能相信，这么简单就能做到；我们不相信只需要唤醒自己某个一直存在的部分，或者回归到某一部分，就能拥有完整。这样的信念同样是一种障碍和限制。我们相信复杂的逻辑更管用，复杂的技术更过硬，但能打动我们内心的，却往往是简简单单的东西。

个人成长并不存在于某一本书里、某一堂课上，也不存于某一个权威、某一个大师的教导里，更不存在于一次次外在的安抚、一次次对现实的逃避里，个人的成长就在生活的点滴里。在每一个点滴的进程中，我们都在走近我们的心，我们都在辨认出我们究竟是谁。

这种辨认由犹疑到坚定，由模糊到清晰。

个人成长的路漫长而遥远，却也可以瞬间折叠如虫洞。内在障碍越少，我们离我们的心就越近，我们就越清晰，也越发可以印证通往清晰的路可以那么简单。

云起云落，无碍天空依旧。我们越清晰，意味着我们越自由。

今日练习

准备一张白纸，我们平常用的 A4 打印纸就可以。找一个安静的并且可以有移动空间的房间，找一个没有人打扰的时间，做这个练习。

你可以放一首你喜欢的纯音乐，没有音乐也可以。

现在，请你放松地站着，做三次深深的呼吸。

然后自然地呼吸，感觉你的头顶放松、面部放松、肩膀放松、双手放松，你的身体放松而直立，你的腰部放松、胯部放松、双腿放松、双脚放松。

感觉自己的心逐渐松弛下来，平静下来。

然后，你可以双手捧起你准备好的那张白纸。把你的注意力放在你对这张纸的感受上。

感觉这张纸在你的手里，它的重量如何？它的触感怎么样？它柔软还是坚硬？它的颜色、反光是怎么样的？它捧在你手里的形状是什么样的？你也可以闻一闻这张纸的味道。

把你的注意力放在对这张纸的感受上，就只是关注着。自然地呼吸，放松地呼吸。

然后，请试着用你的食指或者中指，顶住这张白纸的中心点，让这张纸在你的指尖上保持平衡。

现在，慢慢移动你的手和身体。让你的手、身体慢慢地创造不同的空间变化，同时保持这张纸在指尖的平衡。

关注这张纸在你指尖上面的平衡。

你可以在房间内慢慢走动，但你的注意力就只在指尖和这张纸上。

此刻，你就是这张纸的主人，就像你赋予了这张纸生命。同时你要保持警醒，别让这张纸掉下来。

此刻，这张白纸就好像是你的整个世界，而你的手指就是你的注意力、你的意识。

此刻，你就是世界的主人、意识的主人。

慢慢地持续几分钟，当你觉得可以的时候，放松地坐下来，把纸放在一边。

然后，让你的注意力回到你的呼吸上。自然地呼吸，关注自己的感受，让自己处在正念呼吸的状态。

当你觉得可以的时候，做一次深呼吸，结束这次练习。

生命轨迹之所以有趣，就在于它会完全出乎你的意料

专注于爱的频率，你会感受到与你同频的馈赠，你很可能会超越你所遇到的问题，不再用头脑限制未来的可能性。

就像鸟儿振动着翅膀

一晃眼，我进入内在探索的领域已经十年了。在二十几岁的时候，我完全想象不到今天的我会进入这样一个领域。就像大多数人一样，那时我觉得可以看得到的、摸得到的、想得到的世界就是全部的世界。虽然心中充满了尊重，但所谓“内在探索”或者“修行”这样的事，完全与我无关。

然而生命轨迹之所以有趣，就在于它会完全出乎你的意料，而回头看时，却又让人拍案称奇。

就像一个无法逆转的进化旅程，有一系列必然的铺垫，有一次次戏剧性的转变，然后，我们发现，自己体验到的一切与过去所认识的世界大不相同。山外有山，门外有门，世界还是那个熟悉的味道，却透着不同的意味深长。

以往努力去争取的目的不再是生命的全部，过程即是目的。不过，即使在向内探索的路上，也有一些朋友觉得开悟是修行的目的。拿出以往刷题的力气比谁先到，可是越用力，就越偏离目的地，因为那个所谓的“目的地”不存在于一个终点，而存在于整个旅途。

即使是那些曾瞥见真相一角的导师，也和我们一样走在同一趟旅途上。修行并不是我们看了某些书，了解了某些理论，想明

白了某些道理就结束了的；也不是某一天我们在深深的静心中，体会到与万物的联结、体会到所谓开悟就结束了的。只要我们仍在这个维度的频率中，修行就会一直继续下去。即使来到另一个维度，只要不在源头的维度，修行仍将进行下去。就像我们始终活在地球的引力中，即使熟悉飞行原理，也不代表我们可以飞起来；即使某一个瞬间真的飞了起来，也不代表我们可以一直处在飞行中。在重力作用下，即便是天生善于飞翔的鸟儿，也需要一直振动翅膀。

我们需要时时刻刻与这个维度的“引力”相处——与时间和空间相处，与分离和对立相处，与无常相处。作为这一维度的旅行者，即使某一时刻体验到它们并不真正存在，我们也必须时常训练我们的心，训练自己在这个引力下不断飞行的能力。那些我们所尊敬的大师也是如此，他们只会更加精进。

一行禅师说：“开悟是一直在成长的，它不是一次发生就完成了的事情。”

地上有地上的乐趣，空中有空中的风景，我们只能感受到与我们频率相一致的事物。人之所以是万物之灵，在于我们既可以欣赏这一时空中的美，又可以徜徉于超越时空引力的维度中。这个时空是我们的训练场、游乐园或是体验馆，是我们的旅途和道路，也是我们的机遇和礼物。

专注于爱的频率

当你体验到你不是三维时空的存在，那一刻的你既存在于时间线之内，又存在于时间线之外。只是在那一瞬间，你领悟到无法用语言表达的完整和真相，也看到了更多的可能性。

我们扎根在这个时空的游乐场，如果想更多地体验这样的状态，就需要不断和这个时空的场域做游戏。有些朋友觉得像是一场较量，就像火箭对抗引力飞离地球，但较量和对抗只是体验这一维度的方式，对抗不会达成安住于当下的体验。还有一些朋友会执着于达成某种目标状态，或执着于维持住某种状态，但执着同样会把我们带离当下。

在每一刻，就只是专注于当下，专注于爱的频率中。

这么说或许有些说教的意味，因为我们在有意识地体验到这些之前，无法靠积累的信息和知识感同身受。再怎么描述，也不如某时某刻扎根于心灵之中。

其实，很多朋友在儿时有过相似的体验，只不过大多没有认识到其中的价值而忽略了它。长大后，我们觉得解决眼下的现实问题才是人生最重要的事情，其他的都没啥用。我们也这样教育孩子们，孩子们也就同样忽略了那些超凡的经验。

而我们很难意识到，即使是为了解决问题，如果我们真正处于当下的时候，我们的心灵就会被唤醒，灵感的大门也会向我们敞开。专注于爱的频率，你会感受到与你同频的馈赠，你很可能会超越你所遇到的问题，不再用头脑限制未来的可能性。

你的未来是什么样的？我想很多人的现在，都不是他小时候想象的样子。让我们带着好奇迎接想象不到的未来，这不正是这个游戏有意思的地方吗？

今日练习

这是一个无限手印的练习。这个手印就像顶轮千瓣莲花，唤起我们内心无尽的欢喜，帮助我们融入真实本心的无限之中。

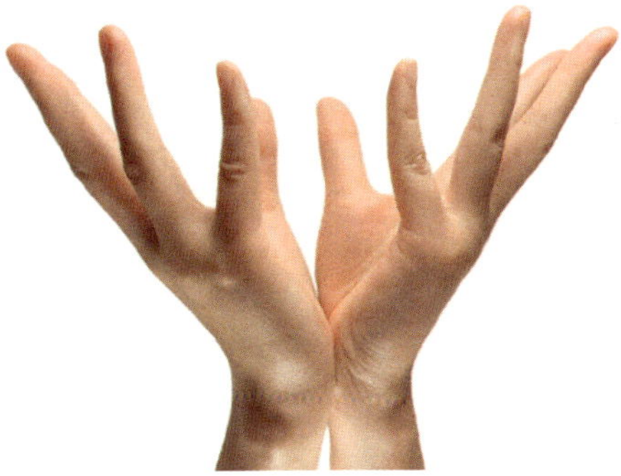

找一个安静的、不被打扰的时间和空间，舒服地坐着，背部直立而放松，不要靠在椅背上。做一个深深的呼吸，让自己慢慢放松下来。

双手合十，放在心脏前方的位置。

将双手手掌根部靠在一起，手肘轻轻下压，十个手指就放松地向外绽开，就像一朵盛开的莲花。

肩膀放松，手肘放松，脊椎直立，自然地呼吸。

慢慢感受这个手印的频率。

然后轻轻闭上眼睛，自然地呼吸，感觉全身的频率与这个手印的频率慢慢协调起来。

感觉你的呼吸，感觉你的气息好像从你身体底部那些支撑你的能量中吸入，一直到你的头顶，又在头顶上方绽放出来。

感觉头顶的能量自然地汇集，如同绽放出光芒来。

让自己沉浸在这种感受中，感受自己如同被光净化一般。你全身上下都协调如一，你安住在纯净的意识之中。

让自己停留在这个感觉中，停留 30 秒钟或更长的时间。

当你觉得可以的时候，慢慢地把双手放下。

做几次深呼吸，让这种感受印在你的身体中。

慢慢睁开眼睛，结束这个练习。

承认并接受你的“无知”，重新认识“你是谁”

当我说“我不知道”的时候，意味着一颗空的心，带着好奇，探索更多的可能性，也意味一颗谦卑的心，带着允许，打开更广阔的存在。

“初学者的心充满各种的可能性，老手的心却没有多少可能性。”

——铃木俊隆

在无所知中，自我更新

我以前特别担心让别人觉得我有什么“不知道”的。经常听别人说着说着，我就赶紧说，这个我知道我知道，那个我知道我知道。然后慢慢地，话题就被转移到我擅长的内容里，我就更来劲儿地说，我还知道了些什么。——你一定也认识一些类似曾经的我这样的朋友。

我印象中自己第一次获得别人的认可，是在上小学的时候。在一次比赛中，同学们一致推荐我代表我们班参加，理由是“他知道的挺多的”。于是，在“求认可”的漫长征途中，我抓到了一根“我知道”的稻草。

小时候家里每天都有订的报纸，我妈说我小学时就每天从报纸第一版第一条看到最后一版最后一条，连广告都不放过。于是，慢慢地我就成了一个“知道分子”。

但我真的“知道”吗？

我不太记得从什么时候起，我对“我不知道”逐渐变得诚实和接纳，可能是我经受了越来越多的挫折和打击之后吧。我不需要“我知道”成为我被认可的标签，而我也越发认识到，其实我确实什么都不“知道”。

信息只是信息，你接收信息、存储信息和传播信息，并不意味着你从这些信息里体验到了真相和智慧——“知道”智慧和“体验”智慧差别很大。况且，即使我知道些什么，与我不知道的相比，也极其微不足道。

当我放下我必须“知道”的执着后，一切都变得鲜活起来。

在谈话中你也不需要立即插嘴证明什么，倾听就好，这样你就会有更多的发现和体会。就像你处在大自然中，你也不需要试图辨认和解释什么，只是感受风吹云动，宇宙自然会向你展现你不知道的美。

玛格丽特·杜拉斯说："经历过孤独的日子，我终于喜欢上自己的无知，与它们相处我感到惬意，如同它是一炉旺火。这时就该听任火焰缓缓燃烧，不说一句话，不评论任何事。必须在无知中自我更新。"

一颗空的心，会随时准备好去接受

我们大多都会对自己掌握的知识有所迷恋，对自己的经验有所迷恋，甚至还会有依赖。有时候我们可以观察到，一个人知道的越多，经验越多，路反而越来越窄。

《电影的本性》里有一个例子，说有个导演拍了一个城市风光的短片，里面高楼林立，灯红酒绿。他想，这个片子要是放给非洲原住民看会是什么效果？他们完全不能想象现代都市的样子。他就去非洲放给他们看。放映之后，他发现原住民都在兴奋地讨论一只鸡。这个导演完全不记得片子里有一只鸡，于是他把胶片拉开一格一格地找，终于在一个角落里找到一只鸡，而这只鸡出现的时间，只有1/3秒。

每个人都只看到自己的“那只鸡”——人们总会关注自己熟悉的东西，甚至认为那是我们的全部。我们是不是也会把注意力，只放在自己的“那只鸡”上呢？

当我们是个“什么都不知道”的孩子时，未知的世界铺陈开来，充满新鲜感；当我们只知道一点点，我们觉得还有太多不知道的，值得去探索；当我们知道的比周围的人多一些的时候，我们开始沉迷于自己的“知道”，逐渐对尝试新的可能变得小心翼翼、患得患失；当我们取得了一些成绩或接受了某些教训，知道得更多了，我们就倾向于把未来安排到自己“知道”的范围里，安于自己看得见的。

当我们极力维护自己的经验和“知道”时，就忘记了不知道的远比知道的多。当我们沉迷于“知道”时，我们就越来越擅长解释，擅长用固有的经验推测，我们把注意力放在解释和推测上，逐渐忽略了自己的感受——对自己的感受、对更大空间的感受。

“经验”也有类似的作用。当我们获得了某些经验，品尝了什么是苦的，什么是甜的，什么是成功和失败，我们会趋于复现那个我们认为“好”的经验，寻找相对固定的目标或方向。

但世界在变化，时空在转换，任何时候都会有更新的、超越经验之外的东西出现。

如果我们只抓住经验不放，没有充分地打开感受，就很难感受到经验之外的东西。对于经验之外的东西，虽然知识可以成为我们判断的部分依据，但只有体验才可以获得更多的感受。我们虽然不需要什么都体验，但要了解过去的经验对未来的局限。

之所以很多创新会在年轻人中产生，是因为他们没有那么多局限。但也不是说有经验的人就做不到创新，而是如果有经验，同时又具备开放的智慧的话，他会为自己的生活呈献更多的精彩，也为这个世界贡献更多。

不管你过去经历过多少成功和失败，保持童心或者初心——初学者的心，都是很重要的。

铃木俊隆在《禅者的初心》中说：“修行的目的就是要始终保持这颗初心。”他还说：“自足的心不同于封闭的心，它是颗空的心，是颗准备好要去接受的心。如果你的心是空的，它就会随时准备好要去接受，对一切抱持敞开的态度。初学者的心充满各种的可能性，老手的心却没有多少可能性。……初学者不会有‘我已经达到了什么’的这种念头，所有自我中心的思想都会对我们广大的心形成限制。当我们心很慈悲时，它就是无边无际的。”

爱通过拥抱脆弱而显现坚强

当我说“我知道”的时候，往往意味着我的心是满的，我的心关闭了对新事物的开放，也意味着我停止了对新感受的体验。相反，当我说“我不知道”的时候，意味着一颗空的心，带着好奇，探索更多的可能性，也意味一颗谦卑的心，带着允许，打开更广阔的存在。

我的伙伴孟想曾举过一个例子，大意是说，我们就如同处在一个黑漆漆的巨大山洞里，什么也看不见，但静下心来，可以感受到这个空间似乎很大，似乎有风，岩壁大概有多远；这时有人打开手电筒照亮在岩壁上，我们看到了光圈里的一块岩壁，我们看见了、知道了并且验证了这一小圈岩壁的存在。但是，如果我们仅仅把这一小圈岩壁当作整个山洞的全部，那无疑是对我们感知的限制。

你可以把这束光看作是经验、知识甚至科学，这些都是必要的，是不断让我们进步的，而一颗空的心可以让这束光照到越来越多的地方。但如果把光照到的地方当作是宇宙的全部，那么我们就关闭了自己的可能性，也关闭了知识、经验和科学得以发展的空间。

开放是无止境的，翻过一座山还有一座山。如果我们封闭自己，命运有的是办法让我们打开。这个不断被打开的体验，不是“地球人生旅行团”的可选项目，而是必含项目。我们封闭，必然就会面临破碎。有时候看似是生活把我们打得粉碎，其实是我们内在有一个驱动，让我们自己往坚硬的墙上撞去。

这之后会发生什么呢？一旦你穿越了破碎时最初的痛苦，承认并接受你的脆弱和无知之后，你就会感受到打开之后的美好。一旦摆脱了对失去控制的恐惧，你就会愿意拥抱更大的未知，臣服于我们无法预见的安排，享受每一个当下，重新认识“你是谁”。

每一颗种子默默地发着芽，每一朵云彩向你展现着不同的形状，阳光穿过树叶反射不同的光线，每一片雪花都不一样——但都是那么完美。每一个人也都闪烁着与众不同的光彩，无论在什么样命运的编织下，都会透出他闪烁的光——你并不知道每个人来此一生，他们的灵魂有着要体验什么的意图，他们想在怎样的黑暗中，体验自己绽放出怎样的光彩。

当我每天早上起来说“我不知道”时，我就能看到这一天充满了不同，这个世界的每个瞬间都蕴藏着奇迹。似乎每一个“不知道”，都能打开一些新世界。而透过感受这些奇迹，似乎可以窥见那更广阔的存在，心生喜悦，不由傻呵呵地乐着。套用郭德纲的话说，我就喜欢我这个没见过世面的样子。

今日练习

找一个安静的不被打扰的空间和时间，你可以带一个你喜欢的天然的物品在身边，比如一块石头、一束花，或者一个自然木纹的器具，都可以。

静坐，慢慢地呼吸，用你的腹部吸气，缓缓地呼出，慢慢地体会自己的呼吸，体会腹部的一起一伏。

感受自己的思绪如空气中飘浮的尘絮，缓缓地下坠。让自己安住在呼吸中。

当你觉得自己的心逐渐安静下来时，可以把你准备好的东西放在眼前。你只是看着它。

这时觉察你的思绪，你是不是产生了一些想法？比如“我在看着它”“这是一块石头”等等，现在试着对你的想法表示接受，比如在心里说“嗯”，然后把你的注意力只是单纯地放在眼前的物品上，只是单纯地经验这个物品的存在。

这或许需要一些适应的过程，慢慢来。

只是感受这个物品的“在”，你的注意力只是在经验它此刻的存在。放掉“它的样子”“它的颜色”等所有的识别和判断——只是对这些识别和判断说“嗯”，然后回到只是经验它的存在上。

慢慢地，你同时觉知着你自己、觉知着眼前的物品。

就让自己在这种状态下待一会儿。

当你觉得可以了的时候，慢慢地让注意力回到自己的呼吸上，慢慢地回来，结束这个练习。

当你更多地练习，熟悉这个觉知的状态，你可以在任何有空的时候做这个练习，比如火车上、飞机上，甚至吃饭时都可以试着练习——没有任何识别和判断，只是把注意力放在此刻，只要去经验。

关于“我不知道”，还有一个有趣的练习，你可以试一试：在适当的时候（注意不是老师或领导找你的时候），无论对自己还是对他人，尝试说10个“我不知道”，观察随后会出现什么。

奇迹意味着把自己交给更大的可能

这个世界、这个人生，此刻在我们面前铺陈开来，呈现出它一直存在的无尽宝藏。让心开放，你就是奇迹。

爱带来开放，恐惧带来封闭

我们都喜欢奇迹。

日落时铺满天际的晚霞，雨后忽现又不断延伸的彩虹，雪中绽放在枝头的花朵，一双点石成金的手，一个可以立刻满足的请求。

孩子们都喜欢过魔法棒，喜欢过孙悟空七十二变，喜欢过圣诞老人，喜欢过一盏神灯。后来，孩子们长大了，觉得传说中的炼金术只不过是骗人的把戏。

我们都喜欢奇迹，但并不觉得可以拥有奇迹、把握奇迹。奇迹是奇迹，我是我，没什么交集，有交集就不叫“奇迹”了。一个人对自我的认知，通常建立在他与自我边界的相对性上。奇迹，似乎在这个边界之外，而我们容易把自己限制在边界之内。

随着长大，我们也逐渐认为所谓奇迹并不合理，合理的怎么能叫“奇迹”呢。但偶尔不理性一回时，又有谁不想、不愿意去过一种奇迹般的生活呢？生活得太“合理”，就少了些乐趣，多了些恐惧。生活得太“不合理”，又少了些落地，多了些游离。我们很容易只看到这两种选择，然后自行归类和站队。

奇迹意味着意想不到，但你乐于享受它。

那怎样才能享受意想不到，而又不担心它呢？

奇迹这件事，在检验我们的心是不是足够打开。如果我们的心是封闭的，那么就没有奇迹。我们因为害怕惊吓，所以宁可不要惊喜。我们因为恐惧而封闭，又因封闭而更恐惧，这是一个愈演愈烈的死循环。

恐惧容易让人想要控制与自己有关的一切，而不是把自己交付给一些意料不到的可能性。我们很多人毕生的功课就是放下这些控制和恐惧——意识到它，并且接受和转化，让自己重

返可以欣然接受更多可能性的状态，感受开放带来的欣喜。

少一些封闭，就少一些恐惧；每少一些恐惧，就再少一些封闭。而开放意味着更多的爱——你心里原本就有的爱，被展现出来，发出光来。多一些开放，就多一些爱。爱，吸引爱。想感受奇迹，就意味着心要不断地开放，不断地信任，并把自己交给更大的可能。

奇迹意味着把自己交给更大的可能

如果真的让你成为生活的炼金家，你愿意吗？

小孩子们都想当“超级英雄”，后来发现，蜘蛛侠也有颓的时候，所谓“能力越大，责任越大”，万一自己的挑战太大可怎么办呀。

人们有时候会担心，那些意想不到的，可能是他们不愿意要的，所以会怀揣一颗激动又不安的心。激动，缘于想要成功；不安，缘于害怕失望。这种定向的期待让我们只锁定这两种选择，我们也把自己限制在这两种选择之间。

当我们相信身边的所有发生都是为你准备好的礼物，我们也会准备好迎接奇迹。这些礼物有着各种各样的包装，会被大家认定为好的或是坏的、正向的或是负向的。但如果我们善用我们的智慧之眼，就会看到这些包装里蕴藏的宝藏。

每一件发生在我们身边的事，在不同层面都会呈现出不同的可能性，这取决于我们是否拥有善于发现奇迹的眼睛。

我们也会有这样的观察，当你把一件事判定为不好或负向的时候，这件事总是会往不好或负向的方向发展；而一件事，即使一开始呈现出来的是大家所认为的不好，但如果你可以真正把它当作礼物和宝藏的话，它往往也会向正向发展。

在奇迹面前，一颗敞开的心是非常重要的。如果我们在一个封闭玻璃瓶里放烟花，要不瓶子爆炸伤人伤己，要不烟花闷在瓶中无法开放。如果我们在一个开放、空旷的海滩上放烟花，我们将享受意想不到的奇妙和绚丽。

人们常说“心想事成”，你看这顺序，拥有什么样的“心”在最先，这颗心决定了你怎么“想”，然后事情就成了。“心”到了，有时“想”都不用想。

爱是奇迹

清晨，你微微睁开眼睛。可以先不去想今天要做什么，也不去想昨天发生过什么，你只是留心体会，早晨的阳光此刻正从窗帘缝隙中透射进来，在地板上洒下橘黄色的光斑。

你静静地呼吸，缓缓地移动身体，站起身，给自己倒一杯水。这杯水，清澈、透明，你拿着它，水面轻轻荡漾，一闪一闪地泛着光。你拿起水杯喝了一小口，清凉的水顺着你的舌尖，滑过你的喉咙，流进你的身体。你慢慢吐出一口气，你的心也随着吐气，向更广阔的宇宙开放。更广阔的宇宙也与你融为一体。

爱是觉知，一切都是觉知，即便曾在觉察之外。

这个世界、这个人生，此刻在我们面前铺陈开来，呈现出它一直存在的无尽宝藏。让心开放，你就是奇迹。所谓炼金术是那些一直存在的、而你从未看到的宝藏通过频率变化显化在你面前。我们每个人都是一个炼金家，只是我们不知道而已。

用我喜欢的爱因斯坦的一句话结尾：“生活有两种方式，你可抱着世上本无奇迹的态度活着，也可以以万物皆奇迹的态度生活。”

今日练习

做几个深呼吸，尽可能地深。

此刻，感受一下你自己。如果你不是一个有着过去的人，也不是一个有着将来的人，那么你还剩下什么？

就只有此刻，没有过去、没有未来，你是谁？

不需要去想，而是用心去感受。

也许你会感受到，你就是觉知本身，你就是你的“内在的光”。

如果你有这个发现，就会有“回到了家”的感觉。

女性对于幸福感的追求，是时代进化的动力

从整体来看，女性相对于男性来说更富柔韧性和灵活性，有像水一样灵动和流动的特质。她们拥有更强的直觉力和感受力，更信任直觉，更尊重自己的感受。

爱让人们更容易拥抱心灵的议题

如果把世界上的人简单化分成两种，一般就是女人和男人了。这几乎是我们来到这个世界，遇到的第一组相对性的概念。

我们从妈妈肚子里一出来，周围的人就叫着说：这是个男孩/女孩。与此同时，我们开始直接接收与男孩/女孩相关的想法、观点和信念。似乎天然地，女孩和男孩会对事物有不同的感受，有不同的特点和兴趣，但对于自己这一性别“应该”是什么样的，则更多接收自外界不同的信息和定义。一开始耳

濡目染、对号入座，再进一步到旗帜鲜明、身体力行。

如今我们已迈入了转变的时代，新想法与旧观念相互冲撞，无论女性还是男性，都会对另一性这一普遍整体，以及“男性普遍整体”与“女性普遍整体”的关系有着复杂的感受、观点和情绪。

那么对于女性来说，这是一个什么样的时代呢？又有着什么样的机遇呢？

不得不说，漫长的男权社会形成了强大的传统和惯性。一直以来，社会上和家庭中位高权重的多是男性，他们一路走来得到的资源也多，还可以通过建立规则，保障自己的地位。倒退六七十年，重男轻女都还是相对普遍的现象。比如我小时候，我外婆就有这个倾向，偶尔有些好吃的，总要先塞给我一点，我的姐姐们不能挑战长辈，只好批斗我，搞得我也总是很惭愧。

但改变总会到来。最近这二十年，你也许会观察到，在各种休闲场所看到的女生远比男生多。出去旅行，女生居多；书店影院，女生居多；派对聚会，女生居多；就连餐厅里吃饭，数一数也总是女生居多，更别说各种个人成长的沙龙、工作坊，几乎没有男生参加。好多人奇怪，男生这时候都去哪了，是不

是都在忙着进修、谈单、开会、加班，或者打游戏、盯着屏幕放松神经。

粗略看过去，似乎男性更注重收获，而女性更注重生活。这无关哪个好或不好，只是通过一些现象可以观察到有意思的转变趋势。收获总是为了生活，谁主导着生活，谁就掌握着生命如何向前的发言权。

而过去的二十年，人们已经开始更多关注向内探索的话题。未来将是意识进化与灵性成长的时代，人们将不得不更多直面心灵成长的课题。这些课题就存在于生活的点滴之中，谁先拥抱这些课题，谁就越快向前迈进。

在这些课题面前，我们很容易观察到，女性普遍比男性更感兴趣，她们更注重感受、注重平衡，对于这些课题通常更加敏锐和富有创造力。有时我觉得，如果从意识进化、灵性成长的角度说，没准儿女性是比男性“进化”得更彻底的一种生物呢。我这么说，真不是因为小时候多吃了半块糖，而是因为在这一方面，女性的确普遍拥有天然的优势。

当然，我们在这里谈论的是对“大多数”“普遍”的观察，也有很多个体不尽如此。这是很正常也很美妙的。

更多处于爱的频率，是成长的标志

从整体来看，女性相对于男性来说更富柔韧性和灵活性，有像水一样灵动和流动的特质。她们拥有更强的直觉力和感受力，更信任直觉，更尊重自己的感受。与之相应，逻辑性和目的性是大多数男性的优势，他们更趋向于固态、线性、落地和竞争。

女性往往会把“爱的感受”放在心中更高的位置，在爱中，她们更加勇敢并绽放。

这里所说的“爱”，并不仅指男女情爱、亲密关系，而是更普遍的爱——对亲人好友、对所有小孩子的爱，对受苦的人、对弱势群体的爱，对大自然、对花花草草、对小动物的爱，乃至对生活、对大自然的变化、对让世界变得更好的爱，甚至女性表达对自己的爱也比男性更为自然。她们把这些爱放在了更高的位置。

爱是一种高频的能量状态，把爱放在更高的位置，可以让女性更多享受处于高频的瞬间，可以让她们有更多的时间处于较高频率的能量状态中，也可以让她们充分体验和享受高频状态所带来的美好感受。这种敏锐度，使她们对灵性成长的主动性更强，接受度更高，成长也更快。你看，“更快、更高、更强”都占了不是。

有些朋友说，既然在灵性成长的角度上，女性都“更快、更高、更强、更进化”了，那为什么感觉这世界还是一个男权世界，女性似乎仍然是相对弱势的群体呢？

这世界是否存在两个价值标准？

我一直觉得，我们身边其实在遵循着两套标准或规则，一种显性的，一种隐性的。

显性的标准就如大家普遍定义的、这个世界的成功标准，就是所谓人生赢家的价值标准。比如说，你得有让人羡慕的成就、有很多钱、有地位、有权力、有传奇经历，或者你出身豪门贵族，你在这个价值体系下就比较有话语权，有更多的机会和资源。这是一套可比较、可衡量的规则、系统和标准。

在过去上千年男性主导的体系里，一个女性如果想依存于这一“人生赢家”标准的话，她得嫁给一个符合这样标准的男性，或者眼光长远培养一只“绩优股”，并且双方能白头到老、不离不弃。或者，她生一个满足这样标准的儿子，也可以“母以子贵”。但是，如果她自己、她本人就自行符合了这个标准，那还不行，还得加上“嫁一个人白头到老、不离不弃”这一条，她才算是所谓人生赢家。

这个标准这么说起来挺可笑，但在这个时代，你是否发现还有很多人仍在通过这些标准衡量身边的人，或者以这些标准评价和八卦各色名人？你是否也会无意识地、自动化地以这样的眼光打量着世界，或是掂量着自己？

而另一个标准，则相对隐性。这个标准和人们的喜悦、满足以及幸福感、愉悦感相关。它关心你每天过得是不是快乐，是不是享受生活、享受关系、享受生命、享受你是你自己。在这个标准下，如果你有一刻如此，这一刻你就“赢”了；如果你一生如此，你就是所谓人生赢家；而如果你时常焦虑、紧张、恐惧，你会远离这个标准，但只要你愿意，你随时可以转变心念，逆转生活，随时“放下屠刀，立地成佛”。这是一个很主观的价值标准，只有当事人才知道自己是否符合这一标准。

我个人在观察中发现，现在这个时代，女性往往是这一隐形标准的主宰者，是生活喜悦和幸福的主宰者。在一个家庭中，如果妻子每天不快乐，那就很难有一个快乐的丈夫；如果母亲每天不快乐，那孩子们也很难快乐得起来。

当然，这么说并不意味着男性要把自己快乐幸福的责任放在女性身上，而是要看到生活也有着不同于显性标准的价值和意义，因为无论如何，就像积极心理学家泰勒·本·沙哈尔所说的：“幸福感是衡量人生的唯一标准，是所有目标的最终目标。”

跳出过往的限制，意味着成长和自由

如果人们越发注重后一个标准，也就越发“活在当下”。而沿着这个标准走下去，也会更加接近关于“你是谁”的真相。

你也可以以这两种标准和方式，审视你的生活：一种是你拥有了多少权力、金钱、成就、名望，你拥有的这些是否达到了你期待的标准；另一种是在每一天、每一刻的生活里，你是不是充满喜悦、平静等美好感受，是不是享受心与心的联结，是不是感到幸福和圆满，你是否以爱而行，而非被恐惧驱动，你是否活在喜悦中，而非陷于焦虑和担忧的无底洞。

通常，我们只会以单一方式衡量自己的生活——我们所受的教育一般也是这样教育我们的。我们认为快乐和幸福是成功的副产品，所以我们往往只认可外在显性标准带来的价值感。比如很多时候，你虽然看着自己的照片感觉不错，但会觉得一张没有别人点赞的照片并不是一张好的照片；你开心地找到了喜欢的工作，但听说昔日老同学居然财富自由了，手里的入职通知顿时就不那么香了；你虽然觉得活在喜悦和幸福里感觉不错，但你会提醒自己“现实点儿”，你并不认为它们会为你带来“有用”的人生价值。

虽然你想活成你本来的样子，但你并不爱没有达到某种标准的你自己。

如果只认可显性的价值标准，我们会继续生活在内在的矛盾和对抗之中，而那条成就和成功的路，也变得艰难而痛苦。这个显性的标准，从传统上看，无疑还是走在过去男性主导的方式之中。如果女性想以同样的方式获取价值感、获取地位，那么也会经历同样痛苦的过程，甚至牺牲掉以往更多感受爱的高频时刻。

但这两个标准并不是矛盾的、非此即彼的，它们都可以为我们生活和生命的体验做出贡献。我们的痛苦大多来自内在的否定、限制和对抗。我们觉得摆脱痛苦要依靠外在的成功，内在快乐、幸福和富足是成功的副产品，但却没有想过，也许成功才是内在快乐、幸福和富足的副产品。又有可能它们就像我们前行时交替稳步迈出的双脚，共同前进，共同成就。跳出过往的限制，意味着成长和自由。

相爱还是相杀？新时代正在你身上开启

为什么你会以一个男性或女性的身份，来到这一世界，来到这一时刻？

大部分朋友不会考虑这个问题。有些朋友说，这事儿本来不就是这样吗，难道还有得选？有些朋友说，这话题离自己生活太远，想也白想，眼前这些属于男人或女人的麻烦还应付不完呢！还有些朋友说，这辈子是男是女，看来也就这样了，要是聊聊下辈子怎么选，估计我还有兴趣。

如果我们扩展视角来探索一下，在这个转变的时代，作为男性或女性的身份，你究竟会遇到什么资源和挑战，究竟会收获什么，也许这些“没用的”会解决一些你眼前觉得“有用的”

问题，尤其当你处于对另一性别的情绪中时，或许可以帮你跳出普遍情绪的局限，看到一个新的时代正在开启。

为了获得更好的生存资源，人们倾向于把自己依附在更大、更权威的系统之下，甚至很多人渴望被特权拯救。这些对男性和女性都是一样的。而正在开启的新时代，人们会从所谓更大的系统中收回属于自己的力量。

你不再想成为那个“应该”成为的，你只是成为你自己；你不再需要别人拯救你，你为自己负责。

在过往的经验中，我们看到男性能量更聚焦于显化物质、显化思想，并在这个过程中体现创造力；而女性则更多具有像海洋与花朵一样的特质，更能体现自然的属性，体现接纳、流动、绽放以及无条件的爱。当女性绽放出这样的光芒，她们与宇宙源头的光芒同频。由此，当男人和女人合作，就像同一目的的两个面向，他们在这个世界上创造和显化圆满。而当男人和女人处于对抗的状态，他们与生俱来的资源和特质会变得不容易显现出来。

但是，以往时代里出现的特权，使两性关系容易进入操控和争斗，不断地产生对抗以及累积创伤。整体来看，没有什么特权的女性，在这个过程中容易成为相对弱势的群体。

在痛苦中收回自己的力量

在过往的对抗和斗争中，男性和女性都试图在自己擅长的路线上操控另一性。这种操控意味着什么呢？意味着一方有一些缺乏的东西，需要从对方那里得到或实现。比如，过去男性想从女性那里体验到快乐和幸福，而女性想从男性那里获得物质与思想资源。

如果基于爱，他们就会用心拥抱彼此，相互贡献，进而他们会无往不利；但如果基于恐惧，比如恐惧面对自己的匮乏和脆弱，恐惧失去从对方那里得到的、自己没有的东西，那么他们就会试图控制对方，这样他们就会走向分离和对抗。

而如今在这个处于变化的时代中，无论男性还是女性，我们都将学习如何把注意力从专注于自己所缺乏的转移到从痛苦中收回自己的力量。

想体验放下，就得先拿起；想体验收回力量，就先得交出力量。于是我们先是继承了集体性的情绪和信念，再去体验如何从这些限制中解脱而获得自由。“收回自己的力量”意味着我们从集体性观点、行为和影响中解脱，做出自己的选择。

这个时代的潮流变迁会让我们看到，我们本身并不缺乏什么，我们也不是天然的“受害者”或“加害者”。我们只是在体验，从感受某一部分的匮乏到领悟作为独立个体的圆满，从需要被他人拯救到为自己的快乐与富足负责。这一切对于男性和女性来说，都是一样的。

但在一个以显性价值为主流的社会里，一个女性做到这些会遇到一些重要的挑战，或者说，需要砸开一些藏着礼物的金蛋。

科技与文明的发展，使现代女性可以不依靠外部力量获得生存和独立；而在过去，这些力量通常是男性的标志和资源。如果女性可以站在自身资源、优势和价值的中心，不必像过去那样被迫依靠男性力量而生存，那一定会获得极大的自由和幸福。但这说起来容易，做起来却并不容易。

我们来换一个角度。如果从灵性成长的角度来看，你并不像你曾经认识的自己那么简单。你不只是一个会思考的身体，也不只是一个拥有灵魂的会思考的身体，你就是一个灵魂，你是一个拥有此生身体和思想的灵性存在。作为没有时间、空间属性的永恒能量体，在拥有此生身体之前，我们就已经存在了。

从这个角度来说，在选择成为一个女人之前，你也许经历过成为男男女女的许多生世。你在这些生世里，感受一个灵魂在相对性世界里需要完成的体验和体悟。而当你选择此生作为这一时代的一位女性，你一定会有一些课题需要经由这个身份来完成，你有着之于这一时代更宽广角度的任务。只不过，作为人类的出厂设置，这一切你完全忘记了，这样这个游戏才会让你更为沉浸而不自知。

过往男权社会的惯性如湍急肆虐的激流，你如何站立其中？如何既不随波逐流成为激流的一部分，又不受困于冤冤相报的角色牢笼？——这二者都让你感到被吞噬，在内外夹击的消耗中，失去自己的力量。

也许在你认清你来此的课题时，你就可以安定地屹立在这激流之中，你看到在这个时间切片中，过往的剧情只是促使你觉醒的背景。你以为你生来就“是”的身份和角色，并不是你真正所“是”的。当你安定在你的中心，所谓激流只是鞋底下的一摊水。

女性有女性角色的陷阱，男性有男性角色的陷阱，但你终究会从角色和身份的剧情里醒来。谁让女性都是“水做的骨肉”？她们更容易自在流动，更容易变换升腾，更容易被光点亮，绽放爱的光谱，当全新觉醒时代到来时，在天地间为这世界展现彩虹。

于是，在这个漫长的时空连续剧中，你来到了如今这一集。

之前数千年的剧情背景，是在男性主导的价值标准下，女性不断被压迫，积攒着委屈、愤怒以及仇恨的能量，而你所饰演的女性身份让你很容易承接到这样集体的能量。

感受一下，你会很容易感到关于性别的对抗吗？你会很容易感到压抑、无奈、愤恨，以及因性别对抗产生的各种想要宣泄的情绪能量吗？如果你敏锐地捕捉到这些能量，那在这一集里，你的任务就包含“穿越受害者能量”的部分。

今日练习

找一个安静不被打扰的地方，坐下来，让身体躯干和地面垂直。

静静地呼吸，把注意力放在你自己的心上。

感觉呼吸的气息流入你的心，又缓缓地吐出。

感觉此刻，你的身体与大地垂直，你的心与大地垂直。

你稳稳地坐着。

你的重心，在你的身体里，在你身体的中心线。

静静地呼吸，感受气息随着吸气穿过你的身体的中心线，下到地心，又随着呼气从地心回来，沿着身体的中心线上升，呼出体外。

就这样静静地呼吸着。

感受你的重心，稳稳地安住于你的中心。

你的重心，仿佛就在你的心上。

3~5 分钟后，请你想象，你的重心开始从你心上移开、从你身体移开，移到了身体之外的某个地方，任何一个地方。

感觉一下，重心离开你，你是什么感受？

然后，再想象重心从外部再次回归，回到身体，回到你的心上。

感觉一下，重心回来后，你是什么感受？

静静地呼吸，专注于你身体中的重心。

静静地感受你的状态。

当你觉得可以的时候，做一个深呼吸，

然后慢慢睁开眼睛，结束这个练习。

觉醒的女性是爱的表达者

进化的蓝图是，在爱中，你获得无畏的勇气，你享受深沉的安宁，你付出无私的关切，你展现温柔的力量，你让这一切美好的品质在生活中展现出来，从而你体验到，你正是爱本身。

从性别对抗与纠缠的故事中醒来

我认识很多位极具“独立意识”的女性，自己有自己的事业，不一定日进斗金但可以经济独立、享受生活，在关系中有自己的智慧，所以家庭也平衡和睦。即使独身，或者离婚了独自带孩子，也都能自得其乐，找到自己的平衡点，自在独立，拿得起放得下。即使她们的生活有跌宕起伏，但兜兜转转之后她们也总是可以把自己幸福的重心握在自己手上。就像她们其中一个说的那样：“我觉得我开心是因为我没把注意力放在跟那些男的较劲儿上。”我特别佩服她们。

一方面你可以观察到，随着时代的变迁，具有“独立意识”的女性明显越来越多了。在新时代中，当女性可以依靠自身的力量获得生存和发展的资源，旧有的男性主导的体制也将逐步瓦解。权力斗争的波澜将逐渐因为两性平衡而趋于平息。在这个阶段，谁也不控制谁，谁也不依赖谁，谁也不需要在另一方身上寻找安全感、控制力、被欣赏和独特性。

但另一方面，在这个漫长的时空连续剧中，这一集正在上演时代相交的碰撞与激荡，充满了对立、反抗、革命与省思。这之前数千年的剧情背景，是在男性主导的价值标准下，女性不断被压迫，不断累积着委屈、愤怒以及仇恨的能量，而你来到这一集，你所饰演的女性身份让你很容易承接到这样集体的能量。

在这一集的故事里，往往会有“受害者”的故事、权力斗争的故事，以及实现内在两性能量平衡的故事。

穿越受害者能量，认出真正的自己

作为受害者，虽然我们的剧情千姿百态，但其模式却万变不离其宗。如果套用心理学家卡普曼的戏剧三角模型，可以发现，我们的模式很容易在受害者、迫害者和拯救者这三个角色之间切换，而每一个角色都会感受到相应的痛苦和悲怆。

这三个角色分别意味着：

受害者：被压迫、无助、抱怨、不满足、无奈、“我不行”。

迫害者：愤怒、评判、攻击，“你不行，都是你的错”。

拯救者：自我牺牲、需要被需要、替代他人、过度保护，“你不行，需要我帮助”。

在“戏剧三角”的模式中，我们无论切换到哪个角色，都很难感受到内心的平静、喜悦、幸福和丰盛。而且，只要我们深陷这个游戏中，就会纵容自己沉湎于这个游戏，因为这个游戏让我们不必为自己此刻的喜悦、平静、幸福和丰盛而负责。

与愉悦和幸福的频率共振，是女性的天然优势，这让女性呈现出热爱生活、享受生命的美好特质。然而，一旦陷入受害者的角色，那么女性的天然优势将很难体现。如果不知不觉卷入了“女人即受害者”这一限制性信念中，那么你就放弃了主导自己隐性价值的权利，陷入显性的相对性规则中，离开了幸福和愉悦的感受。

那么，如果陷入性别受害者这个角色陷阱，如何能够从“戏剧三角”模式中走出来呢？

我们可以尝试用“戏剧三角”模型中的一些解决方案，或者从灵性成长的角度看待这个挑战；也可以将这些方案，应用在显得“敌对”的两性关系中，以及我们内在的冲突和对抗中——这些紧张的内在关系，演化出我们无数的痛苦。

卡普曼的《人间无游戏》中提出过应对这一模型的一些策略。要应用这些策略，需要我们对“陷入角色”进行自我觉察与反思。另一位美国作家大卫·艾莫德也提出了一个“赋能三角/互动”的模型（The Empowerment Dynamic），这个赋能三角中的三个角色分别是：创造者、挑战者和教练。

当觉察到自己陷入受害者角色，我们可以尝试把自己受害者的角色转换为创造者。这时，我们的注意力，从关注自己受迫害的部分，转移到关注自己已有资源和优势的部分，从“希望他人改变使自己得到拯救”的被动状态，转换为“为自己负责、为自己创造”的主动状态。

如果可能，你也可以试着选择更宽广的视角。当你站在灵性成长的角度，看到自己在这一生选择的课题时，也许会瞬间放下，莞尔一笑。

在过往的生命流转中，或许你也曾作为一个男性身份体验生命，而在这一生世，你选择了一个女性身份体验这个性别身份的资源和挑战。今天这个性别受害者的位置，是曾经的人们共同创造的，也是如今的人们需要勇敢放下的。

无论我们处在什么性别身份中，都在穿越非爱，体验爱，穿越虚幻，认出真相。我们在各自身份中所承受的一切痛苦，只是在不断提醒我们从非爱和虚构中醒来。

尽管这相对性的世界有的是招数让我们迷失在身份和角色里，但我们又总是有机会撞到一些或明或暗的“钉子”——我们撞到“钉子”上，疼得一个激灵——好像痛苦让我们从迷梦中猛地醒来了一下，然后我们又继续睡去。

在这些偶然的跳脱中，我们有机会看到：这个世界、这个时空只是我们自己设计的大型迷宫。我们设计好了就丢掉图纸，蒙上自己的眼睛走进去，试试自己还能不能走出这个迷宫。或者，这漫长的一生就像一个巨型蹦极游戏，只是我们在仿佛无尽头的坠落中，忘了脚上还系着绳子。

好在，一切都会过去，无论好的还是坏的。触底之后，我们都会回到源头。

绕开对抗和权力斗争陷阱

除了“戏剧三角”模式，权力斗争也是推动我们剧情发展的主要线索。长期男权社会的余波仍在集体潜意识中，潜移默化地影响着每一个男性和女性。在这种惯性下，许多女性仍然感受着“第二性”的身份，这让她们不得不处于一个警惕状态，随时准备为捍卫尊严和价值进行斗争。

对于相对弱势的群体，如果想从第二变成第一，或者并列第一，那么对抗和竞争似乎是不多的选项之一。更何况这不是一场普通的竞争，几千年来一直憋着一口气呢，被压抑的能量不断累积了那么久，如果有机会，这口气必须得出一出。

普遍来说，女性群体作为更容易绽放爱的生命体，会在生活中展现爱，也享受爱。爱的力量是宇宙中最强大的力量，生活中爱的能量，是我们内在神性在展现它的频率。但与此对应的是，如果我们放下爱，而陷入某些相对性的权力争斗，我们就容易失去喜悦和幸福。也就是说，一旦陷入相对性游戏里，女性的优势部分，就不会体现得那么充分。

那么，如何绕开对抗和权力斗争的陷阱而获得改变呢？这样的一个旅程对我们来说意味着什么呢？

也许，受累积的性别伤害的能量影响，女性对性别压迫有着天然地抗拒和恐惧，而这种抗拒和恐惧，使女性容易陷入有关性别的权力斗争。痛苦不单单来自外在的斗争，也来自内在的斗争与消耗。战场看似在外面，实则影响最深远的是在内心。但无论如何，经由这些外在与内在的斗争，最终女性还要找回其天然的特质和中心，活出喜悦、幸福与和谐，经由对抗和恐惧，活出爱。

女性在偏离爱的洪流中，活出爱，这是一次伟大的旅程。其实对于男性也是同样，只是他们对此通常会迟钝一些。

对抗和斗争里没有真正的、长久的赢家。真正的赢家早已超越了对抗和纠缠——我可以上岸舒舒服服晒太阳，干吗跟你在泥坑里拼个你死我活呢？外在的对抗很多源于内在的对抗，精神性的成长使很多人可以在转念间就站到岸上去了。

这个时代已与过去有了很大区别，看看我们身边，比男性懂得挣钱、懂得享受生活的女性比比皆是。有个段子说："男性必须得有钱，有钱才能结婚；女性也必须有钱，因为有钱了还结什么婚呀。"如果女性都纷纷在物质上独立、在精神上不依附，都能成为她们自己，那么在意识进化的进程中，一定是走在男性的前面。

有时候，有一些男性害怕女性获得这样的独立性，以及可

以独立享受美好、享受内在的爱和喜悦。因为在这方面，他们无法展现他们的能力和权力，所以他们会控制和打压女性的独立。以往男性常常利用女性的生存恐惧对其进行控制——即便现在，需要“通过依赖男性而避免生存恐惧”的内在限制仍存在于一些女性的潜意识中。过去那些男尊女卑的教条也是控制的手段，一些教条经过时间的包装，代代相传，让后来的人以为那便是传统、常识甚至真理，其实它们只是便于统治和管理的思想工具而已。

但是，在新的阶段，女性自身越来越有力量和能力，她们已经完全可以独立生存。基于女性的生存能力和女性自身的特质，她们不需要沿用以往男性世界的规则，就可以生活得很好，除非她们认为自己是匮乏而不圆满的。

女性自身的幸福和自由，并非建立在战胜男性、改造男性的基础上的——就像曾经男性所做的那样——这并不符合女性的特质和资源，也并不算灵性进化时代的成功。竞争和权力斗争，都只不过是相对性的游戏陷阱，而男性和女性不是竞争关系，也不是争夺权力的关系，而是携手向前的关系。

平衡内在的两性能量

尽管通常男性主宰着建功立业的显性价值标准，而女性主宰着安宁、喜悦和幸福的隐性价值标准；但其实无论男女，实现前者的动力大多也是为了享受后者，或者为了摆脱后者所引发的匮乏和恐惧，只是人们意识不到而已。

在不同的价值规则中，不同的特质起到不同的支持作用。不存在某种特质好或不好，除非将某种价值规则视为唯一。

男性群体的一些特质，比如喜欢竞争、喜欢竞技，比如目的明确、逻辑清晰，比如喜欢外出打猎、开疆拓土，比如强调实用、方向感强、出门不容易迷路，比如因感受迟钝而坚强冷酷……客观地说，这些男性特质容易推动一个人在追求成功的价值体系中取得一定的成绩。

但如果一个男性认为追求成功是唯一的价值体系，他会变得对自己的感受越来越迟钝，像一台机器，看似精密而强大，实则很容易陷入枯燥的生活，陷入焦虑、迷茫的情绪，害怕面对失败，面对自己的脆弱，甚至在压力中崩溃。

如果一个女性也认同这个显性价值体系是唯一的价值体系，那么也许她会慢慢忽略自己的感受，强化自己男性能量的一面，希望在任何彰显成功的位置上替代男性。同时，她有可能失去她的平衡，面临激烈的内在冲突。

其实无论哪种性别，我们每个人内心中都有不同比例的男性能量和女性能量，或者说男性特质和女性特质。

平衡，是要先站在自己的中心，再向前走，先扎根于自己的特质，再发展其他的特质；而不是只关注外面的狂风骤雨，失去自己的中心。这对于正在逐渐扩充显性价值资源的女性来说，尤为重要。

我们常说左脑思维意味着逻辑、理性，也意味着控制、驾驭和判断；而右脑则充满了直觉、灵感、感受和艺术性。右脑的非线性思维相对于左脑的线性思维，更加开放而没有分别倾向。

当左右脑连接通畅，我们将获得更丰富的感受和创造力，同时又不失必要的反思能力和分析性思维。这是一种区别与单一左右脑思维的全新思维能力，被管理学家丹娜·左哈尔博士称为“量子思维”。而科技的发展以及整个世界意识进化的进程，也都隐约指向了这个方向。

时代在变，越来越多的人关注自己的幸福感，意识到自己所求的并不在外面，而在自己的内在。于是，过去的隐性价值也在变得显性，这意味着人类整体频率的提升。在起承转合的时代，我相信女性或者说女性能量起着引领的作用。过往的男权社会在这个逐渐转变的过程中，只剩下一个躯壳，并在逐渐瓦解。未来，将从一个以男性为代表的左脑型价值体系，转向一个左右脑平衡的价值体系。

这个大时代的转变，也反映在我们每个人、每个组织以及每段关系上。尽管我们仍会看到众多的性别纷争与对抗，但这些也显露出女性能量上升的趋势。

我心目中的“人生赢家”，不一定是豪门权贵，也不一定是成功人士，但一定是那些能独立、能付出爱、能享受生活的人。他们有能力保障生活，有能力应对风险，热爱生活，享受亲情，享受关系，付出爱、力量和热情，承担责任，内心平静。

我想你身边一定也有这样的人，他们既有男性能量的逻辑思考的一面，又有女性能量的感性的、注重感受的一面，并且能很好地将这两部分整合起来。就像将左脑思维和右脑思维的连接和整合，形成一种新的思维，一种真正的独立思考。

爱不是非此即彼，爱是整合性的全新思维。在这条路上，我看到很多女性朋友已经率先出发。如果女性之于男性不是谁胜谁负的权力斗争关系，也不是谁主导、谁依赖的主从关系，而是能够充满独立意识，跳脱旧有价值体系，发展自身，给予爱的特质，那么我相信，未来会迎来一个闪闪发光的女性时代。女性群体所引领的整合性能量将会在转折的阶段，推动人类意识成长的未来。

有的女性朋友说，我就是呀，我就是呀，我就是这么发展的呀！可是我的老公他总是冥顽不化、油盐不进、逻辑强大，我怎么能改变他，或者提溜着他走上新时代的康庄大道呢？

觉醒的女性是爱的表达者

我们很难真正改变一个人。一个人会改变，不在于你想让他改变，而在于他自己是否想改变。

期待隐藏着控制，允许则迎来自由。他人之于你，你之于他人，都是如此。

为此可以做的，只有像太阳一样发着光，那么自然就有种子萌芽，自然就有光合作用、有四季更替、有行星运转。如果你想影响你的伴侣，你只要活出你自己的内外丰盛，享受每个当下，处于安定、喜悦和平静之中。

对于大多数男性来说，依靠逻辑、竞争和奋斗获得这些是几乎不可能的。而在你身边，他自然就会被你的频率所带动。

你不期待你的伴侣改变，你也不依赖通过你的伴侣来获得安定、喜悦和平静，你就是这些本身。这时候，你就会影响到他。不然，他怎么知道这些的美好呢?

宇宙的最高能量，是通过爱来运作和展现的。你是爱的能量，是爱的表达者。

如果你把自己放在一个灵性成长的视角里，可以看到，作为一个非时间性的存在、一个超越时间的灵魂，你在最深的层次上是自由的。你曾以各种不同的身份形式，存在于三维世界。而今天你选择的挑战是如何面对和处理过往遗留的伤痛，并运用女性关注爱的特质，开始一段成长与超越的旅程。在这个背景下，你所拥有的一切经历都不是消极的，而是通往内在觉醒的助力。它们帮你重返内心永恒的爱。

如果我们意识到自己陷入了限制、操控和对立之中，那么我们可以以此为起点，开启觉醒的旅程。最终，人们要学会从另一性别能量中获得成长，同时，不否定自己原有的身份和能量特征。当你发现，在时间长河中发生的一切都只是中性的体验，你会充满宽恕和勇气。

以更宽广的视角看来，每个人都不是孤立的，每个人都是今天以及自己生活的精确创造者。觉醒的女性已经越来越多，也将会更多，她们璀璨地闪耀在这个转变的时代中，闪耀在我们的生活里，就如无数明亮的水晶，以各自的明亮闪耀在时代的幽谷之中。

进化的蓝图是，在爱中，你获得无畏的勇气，你享受深沉的安宁，你付出无私的关切，你展现温柔的力量，你让这一切美好的品质在生活中展现出来，从而你体验到，你正是爱本身。而你所成为的，正发出光来，哪怕是点滴微光，也会从你身边的人身上逐渐扩展开来，照耀你所在的时代。

今日练习

准备一个“大自然的产物”，比如一朵花、一片叶子、一片木头、一块天然的石头，任何一件小的、天然的物品都可以。

找一个安静的、无人打扰的地方，闭上眼睛，放松地坐着。

双手放在自己心轮（胸口心脏位置）的位置上，放松地关注自己的双手和胸口的温度。

缓慢地呼吸 10~20 次。

现在，轻轻睁开眼，慢慢拿起你准备的那件小物品。它并不一般，它是大自然的造物，构成它的一切也构成了宇宙，它散发着大自然的美以及爱的能量。

请双手捧着它靠近你的心轮，感受它自然的美，它的浑然天成，以及它来自宇宙的生命的能量。

与这些大自然的美好和宇宙的力量在一起，再次缓缓地呼吸 10~20 次。

现在请再次轻轻闭上眼睛。

想象这个大自然的造物此刻正为你奉献它的美、它自然的能量，它把它来自宇宙的爱，化为纯净的光，无条件地照耀着你的心轮。

这道光源源不断，为你带来滋养，抚慰你的一切伤痛。

你的心轮也在这光中，如花一般开放。

30 秒 ~1 分钟后，你可以慢慢放下这件物品，真心地感谢它。

然后，双手再次回到心轮，放松地坐着。

感受内心正在散发的爱和慈悲，慢慢地如一股暖流扩展到你的整个身体。感受爱的流淌。

当你觉得可以的时候，结束这个练习。

宇宙会不会给你超过你的承受能力的事？

无论路途如何坎坷，有一个目的地从未消失，那是我们最纯粹的本质，是我们最深的自己，是每个人终会回归的家和源头。

信任之路

有一次我在美国开长途，中途遇到堵车，耽误了六七个小时，到了晚上十一点多离目的地还有两三小时的车程。这时下起了大暴雨。那一带远离城市，路网交错复杂，有的路还特别宽，黑暗里看不到路的左右边缘。外面一片漆黑，不知道是雨太大还是溅起的水雾，前面什么都看不见了，而我们还必须尽快赶到目的地。

我挺着急的。车里还有老人和孩子，一天的旅行使他们都很疲倦，孩子们嚷嚷着怎么还不到啊。目的地民宿的房东情况不明，到了也许还要联系。一切都需要我们尽快到达，必须安全不能出问题，也不能速度太慢，不能走错路，否则会耽误更多的时间。而且美国司机都貌似习惯了开快车，如果你开得慢，尤其在这种能见度下，极容易出事故。

我硬着头皮往前开，把所有灯都打开了也看不太清楚，速度自然而然就越来越慢。一定得想点办法，我心想。我发现周围依然有几辆车，飞快地超过我，溅起大片的水花，消失在夜色中。在这样的路上开车，保持距离的“跟车”是比较省力、省时又安全的方式，我试图跟上他们，但只要我对眼前的黑暗稍一犹疑，就又被远远地落在后面。

那些司机能看清吗？我猜他们也看不清，但他们比我更信任这条路。也许是因为他们熟悉，每天都走，闭着眼也能到，也许是艺高人胆大，也许是傻大胆，反正都很笃定。而我虽然在导航上看到这条路，但实际上路又是另一种体验。

看来靠机智勇敢是很难完成任务了。我反而逐渐放松下来。我是否也能信任这条从未走过路的呢？当我放松下来想到这个问题时，我心里有了一个肯定的答案。然后，我仿佛有了另一双眼睛，能看到看不清的黑暗深处写着“没问题”。我要不要相信我“看”到的呢？我选择了相信。就这样，我以我能开的最快速度，到达了目的地。

我虽然不是一个驾驶高手，但也开过很多很多的路。记得有一年带着一车人去攀冰瀑，山路上意外结起了冰，那是我第一次在陡峭山路上经历反复侧滑，现在想起来完全是凭着对直觉的信任开过去的。和这次在大暴雨中的经历有一些相似。

头脑会凭经验带来信任，而在没有经验的时候，头脑的所谓冷静下来或镇定下来，意味着我们都可以调用一些我们从未经验过的潜力，专注在这一刻，我们自然就会信任这些潜力。这时如果我们试图推理一下“这行不行”，也许就失去了唯一的机会。

没有人教过我们这样的信任，我们是怎么做到的呢？

宇宙会不会给你超过你的承受能力的事？

我们都信任自己的经验。而我们的头脑对于完全不在经验之内的事，多少都会担忧，我们害怕失去控制，害怕自己面临一些未知的、无法承受的痛苦。

你说：“我看到一句话——‘宇宙不会给你超过你的承受能力的事’，这是真的吗？”

这要看你怎么定义“你的承受能力”以及怎么定义“你”。

当我们遇到不在经验之内的、觉得异常困难的挑战或者不得不面对的痛苦时，为了应对它们，通常我们都会经历一个过程。

首先，我们会搜寻我们过往的经验，希望过往的经验、能力和资源可以帮我们解决问题；其次，当我们发现我们想到的办法都不理想或者都无济于事时，我们也可以通过一些工具来梳理和找出最理想的应对策略。比如优劣势分析图、头脑风暴、找朋友出出主意等，通过这些分析和思考碰撞，也许我们可以找到符合最佳利益的解决方案。这时，我们开动了我们聪明灵活的大脑，在大脑的高速运转中寻找方案。这个过程中，我们得到的启发是“办法总比问题多”。

如果在头脑和经验的层面上，我们的问题无法解决，比如我想通过“跟车”的方式驶过看不清的路，那么可能会有两种反应：一种是放弃，一种是放下。

这两者的区别在于你是否依然积极保有你最初的意图。在这里，放弃是无奈而被动的，并不被自己所接受，带着压抑和抗拒的能量；而放下则意味着积极接纳，放下头脑的控制，放空头脑，而允许潜在的资源，比如灵感和直觉等浮现出来。

我们每个人都有自己意识不到的巨大潜力，除了直觉、灵感，还有超强的记忆力、自愈力、意念力等。但我们习惯的左脑线性思考方式以及自我评判和限制，往往束缚了这些潜力和能力。

如果你看过催眠表演，比如“人桥”，那些处于催眠状态、处于潜意识状态的人可以将身体悬空横在两张凳子中间，让一个成人站在自己身上还保持挺直，这在正常的有意识的状态下，往往不可能做到。再比如当一位母亲要保护、救助自己的孩子时，她会展现出强大的意志力、忍耐力和爆发力。据说乔布斯总是在冥想之后，通过直觉决定选择哪一个产品原型。

当我们放松头脑，打开自己平时意识不到的潜力时，我们也许会做出完全意想不到的反应。这种潜力随着你的内在一层一层地打开，一步步越来越有力地浮现出来。当然，这取决于你对自己是否也有着一步步、越来越大的信任。

信任让你把封闭交给开放，把抗拒交给接纳，把控制交给允许，把恐惧交给爱。而这个过程意味着成长。在你的成长中，你也进一步建立自己与允许、开放和接纳之间的信任，再由信任带来更大的允许、开放和接纳，这会形成一个正螺旋向上的成长引力。

当“你的承受能力”基于控制时，这个力量是脆弱而单薄的；而当你允许、开放和接纳，你会获得越来越丰富且富有弹性的力量。

那么，该如何继续扩展你的潜力呢？

没有什么是你所不是的

伯特·海灵格曾说过，一旦你认为事情是在你手中控制的，你就失败了。

他还说：“有些人认为他们在追求自己灵魂的真相，但事实上是，伟大的灵魂透过他们在追求和思考。就像大自然，它可以经受很多的错误，因为失败的角色可以在任何时候被轻易地取代。然而，对于那些允许伟大的灵魂通过他们思考的人，有时候这会让他们有一点移动的空间。”

当你允许宇宙更大的智慧流经你时，意味着你所体验到的“你”，不仅是你的身体、头脑、经验以及潜意识、潜能等，你还把自己交托于当下，交托于内在的神性，你看到你的蓝图和宇宙的蓝图是同一个蓝图。

那些不知是否能承受的挑战和痛苦，只是“更大的你”

通过你现在的身份创造的一个游戏、一个梦，当彻底颠覆你基于三维世界的视角，你随时都可以立即从梦中醒来。而这个宇宙——“更大的你”——并不在你之外，就在你的心中。

所谓交托与臣服，并不意味着消极或盲从，而是基于对深层“宇宙观”的领悟，你臣服于当下，臣服于内心的力量，也臣服于你深深地了悟到你真正是“谁”。当这种臣服发生时，你的内在流动着一种不同以往的能量和力量，一种“当下的力量”，这种力量同时也流动在你所处理的任何事务和关系中，推动着积极而鲜活的改变。

你的蓝图和宇宙的蓝图是一个蓝图，没有什么是你所不是的。

爱是起点、路程和终点

此刻，你那里天气如何？晴空万里，还是有些浮云，或者阴天、下雨、有雾，让你看不见路？

无论天气怎么样，我想，你大概率会沿着既定计划而行动，顶多带上把雨伞。你的全部注意力并不会被这些风雨阴霾所左右。因为你知道：第一，这些风雨你可以应付；第二，这些风雨总会过去；第三，所有的风雨之上都是蓝天。

你不仅知道，更重要的是，你无数次地体验过。

我们所有观念、情绪、感受的背后，还有着深深的觉知，这是所有云雾背后，永恒的蓝天背景；我们所有身份、信念、意图的背后，还有着内在的神性，这是所有风雨之上，不曾消失的阳光。无论路途如何坎坷，有一个目的地从未消失，那是我们最纯粹的本质，是我们最深的自己，是每个人终会回归的家和源头。

一个人如果时常体验这种归于中心、与内在源头连接的生活，就如同反复体验一条路，他可以成为这条路本身。或者说，他体验到他原本就是这条路本身，他即是这条路的起点、路程和终点。

今日练习

坐着，让身体端正。

此刻观察你头脑中的思绪、情绪。

想象这些思绪、情绪，就像白云一样，这些白云也许大、也许小，也许连成一片。

你可以寻找这些白云的边缘——这些思绪、情绪的白云的边缘，无论大小，它们总有边缘。如果你感觉它们密密地连成一大片浮云，你可以静静地等待，这一片浮云在移动时，它会出现缝隙、出现边缘。

透过思绪的边缘，你会发现思绪的背后，都有着永恒不变的背景，就像白云有着蓝天的背景。

感受这个永恒不变的背景。

静静地感受，直到你和这个永恒不变的背景融为一体。

当你觉得可以了的时候，结束这个练习。

生活不是一系列问题，而是一系列奇迹

当我们执着于对问题的对抗和纠缠，我们就处于和问题相同的层面，我们也变成了“问题”本身。

玻璃窗上的蜜蜂

院子里，花开了不少，吸引了一些小蜜蜂在花丛中忙碌，偶尔也会有几只误打误撞飞进房间里。它们发现情况不对，着急飞出去，于是扑到透明的玻璃窗上，嗡嗡地扑腾着。面前明明什么都没有，怎么飞不出去呢？于是，小蜜蜂更加努力振动着翅膀，发出急促的嗡嗡声。我把窗户打开了一些，试图引导它们从窗户缝隙中飞出去。但小蜜蜂意识到了我的存在，觉得可能是个威胁，反而更加紧张和慌乱，更加用力地想从眼前看似一片透明的玻璃窗中逃出去。

如果你遇到这样的情况，我想你也会为它们着急，因为你看到，退一步就是海阔天空，自由就在转身之后，然而它们却看不到，而且它们也不相信你。我想好多朋友一定也遇到过类似的情况，扑在玻璃窗上的也许不是蜜蜂，而是别的昆虫；也许不是别的昆虫，而是我们自己。

对于想要逃生的蜜蜂来说，我们如更高维度的“先知”

一般，以更广阔的视角，看它此刻的遭遇。我们看到，这只小蜜蜂执着于旧的经验而无法处理新的问题，而恐惧使它更加慌不择路，焦急使它只看到唯一的可能性。

如果陷入对“问题”的执着，我们就无法跳出问题看问题；如果不相信自己所知以还有天高水阔，就会受困于经验的牢笼；如果不能觉察到内在的局限，我们只能被困在玻璃洞穴里打转，外面看似风光无限，脚下却是举步维艰。

当我们看着这只玻璃窗上的小蜜蜂，我们可以想象，如果有一个更高的视角看着忙忙碌碌、撞来撞去的我们，会不会也有相同的感受呢？

执着于经验，担忧于未知

透明的玻璃，就像我们内心中自己看不见的限制性信念，这些限制性信念，组成了我们的应对模式，我们日复一日把生命的能量消耗在限制性信念上而不自知。

过去的经验告诉我们这些“小蜜蜂”，看不见障碍的地方是可以飞过去的，而这一次没飞过去，一定是我们没有更用力、更努力。我们用以往的信念局限了此刻的想法和行动。

当我们执着于对问题的对抗和纠缠，我们就处于和问题相同的层面，我们也变成了“问题”本身。

如果有人在我们身后打开一扇门，告诉我们：你不用受限于过去的经验，有一条更好的路让你获得自由，就像穿过宇宙虫洞而不受限于时间的束缚一样；但是走这条路，你必须得放下你的经验。那么，我们会有什么感受呢？我们的第一反应大多是感到害怕，彷徨于怀疑，担忧于未知。

生活在过去的经验里，会让我们感到安全。即使过去的经验是一种束缚，那也是一种“安全”的束缚。放下束缚，就离开了习惯的“舒适”，让我们觉得不安全，让我们感到恐惧。这很正常。

我们头脑的认知建立在过去的经验上，我们的学习能力基于头脑理解的羊肠小道，久而久之，会发现我们很难被输入可以颠覆过去认知的新东西。这种学习方式同时也是一种对未知事物的防御系统。如果我们想要得到一些如同翻转命运一般的改变，往往是从过往的输入方式和经验被打破开始的。

如果我们从小就生活在高墙之内，或者说我们生活在一个井底、一个洞穴，那么我们就只得到一些习惯性的认识。比如我们认为天空就只是像井口一样大而已，我们觉得外面的世界难以理解、无法解释，那里太可怕了。

可能年轻时，我们痛恨过那些高墙，希望破墙而出，找到自由。但随着时间的推移，那些外在的墙，变成我们心中的墙。我们不知不觉也活成了墙上的一块砖，我们成为自己的墙，也通过控制成为他人的墙，成为伴侣、孩子、团队的墙。

控制曾经对我们有效，在无奈之中我们习惯了被控制，在“习惯”之中我们找到了舒适和安全感。逐渐地，我们从反抗控制到变得对控制认同、对控制着迷。我们各种各样的主动学习，大多是为了可以进行更好的控制。即使有些人学习放下，目的也不是真放下，而是为了真控制。

我们为什么喜欢控制？因为我们恐惧呀。恐惧并不是一个错误，也不是一个贬义词，恐惧只是一个需要我们看到和接受的内在状态。恐惧是一种紧缩的能量，让我们把注意力聚焦在问题上。当我们把注意力聚焦在问题上，我们往往会忽视我们还拥有更多的资源、更广阔的可能性，以及超出经验之外的支持和爱。

想一想，在你感到不舒服的生活和工作里，你会不会倾向于把什么都看作是问题呢？在你的成长过程中，你的一言一行会不会总是被某个你亲近的人挑出问题？你又会不会总是焦虑于你的孩子、伴侣会有什么问题？

生活不是一系列的问题，而是一系列的奇迹。当我们不再一心扑在经验和问题的玻璃上，才有可能看到奇迹的示现。

放下阻碍，学会飞翔

会有奇迹吗？

我们往往也相信有奇迹，但奇迹就如玻璃窗外明媚的春天，虽然就在那里，可我们却怎么也飞不出去感受它。我们一生都活在一个玻璃洞穴里，我们在里面，奇迹在外面。就像那首老歌：“我是一只小小小小鸟，想要飞，却怎么样也飞不高。”

外面不单有奇迹，还有梦想和向往，还有未来和爱。你也曾奋力飞翔，想做你所热爱的，想实现你的梦，但它们却一次次被磨灭在玻璃墙的限制上。于是，外面变成了一个遥不可及的地方，即使谈论起梦想也像在讲一个与自己无关的笑话。有时候你通过电影、想象或别人的故事，幻想你到达那个遥不可及的外面，但你已不再认为你自己是可以的。

你究竟可不可以？

实际上，你究竟可不可以，并不重要，重要的是你是否视自己“是”那个可以的。若你视自己为玻璃窗上振翅的小小蜜蜂，你就只能在无形的限制中挣扎，看不到更多的可能；若你视自己“是”那个更大的无限可能，你就会注意到窗户早已打开一条缝。

从小到大，经由感受、评判、观点和经验，我们构建了无数的内在限制，我们生活在情绪干扰、限制性信念和习惯性的束缚之中，却从没有觉察。我们奋力想通向无限、拥抱自由，但所有的努力只是把蜗居的玻璃洞穴扩大了一点点而已。我们视自己“是”我们的身体、情绪、身份和经验，视自己“是”所有的束缚和限制，那么我们能做的只有稍微扩大一点点边界，离真正的自由还远着呢。

如果只是基于我们经验的认知，那我们能做到的就只有这些了。但是，当我们觉察到，这个玻璃洞穴和牢笼就是我们自己所建造的，那么我们就站在了更高的层级上，我们认为自己所“是”的已与曾经认为的有所不同。

如果有一个声音对你说，“听我的，我带你走一条经验之外的路”，你自然会警惕和怀疑，会觉得他是个骗子——当然有可能真是个骗子。当这个声音传来时，你如果把你的力量交给他，可能就会陷入盲从和外求，从而失去了自己的中心。

你要往前走，就要尝试超出经验的可能性，但你也不能失去自己的中心，而把力量和价值依附于任何他人和权威。你只有向内，从你的内心中寻找答案。那个真正的声音，是来自你内心的声音，来自那个更大的“你自己”。

重要的不是别人说了什么，而是我们自己体验到了什么。这是一个完全个人化的体验。当我们不对自己的体验有所限制，不把体验的过程限定于自己的期待，不定义和评价好坏对错，我们就会以体验来扩展自己的认知，并帮助自己以一种全新的独立思考的方式，形成新的“我是谁”的经验。

情感的限制、事业的限制、生活的限制，我们树立起这些限制，只是为了以超越这些限制的方式，来体验我们是那个更大的无限的存在。

我们先是觉察不到面前的玻璃墙——被困于命运的模式——然后我们意识到自己内在的限制，开始寻找出路，此时我们与“问题”处于同一层级。最终我们站在更高处，转念之间，放下执着，我们眼前并没有什么玻璃墙，也没有什么“问题”，那只是小我构建的幻相而已。

这条路看似遥远而难以企及，实则瞬间可达。不用等到明天，等到你有了什么条件才开始，就从此刻，清空思绪，低

眉垂肩，放松下来，张开攥紧的手，深深地呼吸，让内心的微笑浮现，那些晶莹剔透的答案就会从心中的空白处缓缓升起。

今日练习

舒服地平躺。

如果是一个阳光明媚的午后，你可以找一处草地或沙滩做这个练习。

想象自己躺在一片阳光明媚的草地上。太阳明亮，直射在你的身上，你沐浴在阳光下，感到全身温暖。

想象太阳射下三条明亮的金色光线，分别在你的眉心轮、心轮和太阳神经丛脉轮。这三个脉轮在光线的照耀下，和太阳的能量紧密地连接，和太阳交互能量。这三个脉轮也开始温暖和发光。

你的身体和意志、心灵和爱、灵性和觉知，都充满了太阳的能量。

你感到你似乎沿着这些光线，慢慢地向上，慢慢地向上。你和太阳融为一体，你就是太阳，太阳就是你。你俯视地球，地球在你的光的照耀下旋转运行着。

你意识到你可以自由地上升，自由地下降。

在这种感受里，做三个深呼吸，然后慢慢地下降，回到大地。

慢慢地让注意力回到呼吸上。

当你觉得可以了的时候，结束这个练习。

你不交出你的力量，就没人能拿得走

你把自己的一切力量都交给了他人，甘愿被外在的力量控制，这只是外在的表现；在你的内心，你害怕匮乏，害怕脆弱，抗拒自己所面临的现实，你不在自己的中心。

你什么时候把自己的力量交到了别人手中？

你常常会有一种无力感吗？觉得自己的力量好像被握在别人的手中——别人的一言一行、一举一动，别人的情绪、状态，都会让你感到不安和无助。

这个别人可能是你的伴侣，可能是你的朋友，可能是你的父母、老师，也可能是办公室里某一个普通人——这个人总是能“威胁”到你此刻的喜悦心情，本来心情万里无云，一看到这个人，你就觉得多云转阴，心情变了天。

在现实生活中，我们好像也会感到自己被某些更大的力量主宰着——有人比你更有权力，有人比你知道的内幕更多，有各种各样的无常变化总是在驾驭着你、掌控着你。有人说，大部分人的命运都掌握在极少数人手里，“人为刀俎，我为鱼肉”，没有公平可言。自己没成为那极少数人之一，怪只怪选错了爹娘，站错了队伍。

我们的力量怎么会到了别人的手上，他们怎样握有我们的力量呢?

有一个朋友喜得千金，他很高兴，跟我说：“女孩儿好啊，现在社会压力这么大，女孩儿以后好歹还能找个好老公，这就比男孩儿多条路。”我说：“你可千万别这么想，压力再大，自己的路也还有很多，可是你要说就这么一条路的话，也许就堵住了她无数条可以幸福自主的路。”

在传统性别观念里，作为弱势一方的女性需要依靠男性的强势才能获得生存资源，比如东西方的很多童话里，都会塑造出英雄救美的形象。在今天看来，这种“搭救”看似是对女性的帮助，却容易让女性产生等待被搭救的想法，让女性感觉自己并没有什么拯救自己的力量，只能等待被拯救。似乎放弃自己的力量，把命运交给可以拯救自己的人，才是唯一的出路，甚至人生归宿。

期待被某些外力搭救，男性也会有这样的想法，只是表现形式不同而已。不然，人们也不会轻易被更强大的洗脑工具席卷。更强大的洗脑工具往往许诺你跳跃式的、突飞猛进的财富、权力，甚至神奇法术，只要你交出自己的力量。

想一想我们是否都曾为此动过心？如果从来没有人为此动过心，那么股市里也不会有那么多人被割韭菜，网络上也不会

有那么多人讨论 PUA。

似乎有些事你觉得天然如此，但真正的“天然”并不如此，只是我们的观念把它塑造成了你体验到的样子。当我们没有意识到潜意识里自动化运行的观念时，我们就只能抱怨自己无端被更大的力量席卷。而当我们抱怨自己被其他力量所掌控的同时，我们也在将自己的力量交给他人。

我们只是在玩一个游戏，为了在头脑里找一个不用自己负责的理由，不惜让生命在长期的痛苦中煎熬。

怎么办呢？

你不交出你的力量，就没人能拿得走

在遇到客观存在的困难而寻求帮助时，我们可以进行内在觉察；同样，在我们感到痛苦时，也可以视痛苦为一个客观存在的困难，进行内在的觉察。

首先，我们觉察一下我们内在的声音。

你是在对这个苦难说：“我没办法，我只能被动地有病乱投医，我只能把我的力量交出来。”还是在说：“好，我接纳这个发生，我可以找到解决方案，我会成长。”

在相同行为或行动的背后，我们内心赋予行动的能量不同，所产生的体验和导致的结果也会不同。当我们出于无奈、抵触和压力而行动，我们会感到疲惫、消耗，我们是被动而无力的；当我们出于接纳、允许与真正的臣服，我们会主动积极，会平和、耐心而富有创造力，通过解决这件事，我们会获得心能的提升。

我们会不会把自己的力量交出去，很大程度上取决于我们这些不同的心念。

有些朋友可能会说："我确实也想有力量啊，但是现实太强大了，我真的没有办法。"那么，你有没有想过，你就是现实本身？

我们内心中多多少少都会有一些"我不行"的限制性信念。当你给"我不行"的信念提供力量时，你就在创造"我不行"的境遇；当你对"我不行"的限制性信念有所觉察时，你就开始从曾经束缚你的信念中，收回自己的力量。任何时候，你都在表达你自己，你都在用你的行动对这个世界表达"我是谁"。

其次，我们此刻是否认为自己是无能为力的？

你可能会说，我当然无能为力了，有能力的话，遇到的还叫困难或痛苦吗？

定义能力有着不同的角度和层级：拥有解决客观问题的技能是一种能力；善于预测问题、避开痛苦是一种能力；而允许问题发生、敞开自己应对不可预测的变化、接纳痛苦并在痛苦中保持清晰的觉察，也是一种能力。

我们通常认为的能力只是解决问题的能力，而我们总会遇到经验之外的事情，我们会带着什么样的内在力量去应对呢？

如果我们接纳、开放，我们会迎来新的机会，或者遇到真正的导师引领我们收获内在的力量，这时我们为自己的幸福负起百分之百的责任；如果我们抗拒、回避，我们就会期待有一个可以替自己负责的救世主把我们拉出泥潭。

如果我们不交出自己的力量，就没有人能够拿走我们的力量。正因为我们看不到自己的力量，认为自己“无能为力”，才会把力量拱手让给他人，以致我们会产生一种错觉，仿佛他人拥有的掌控我们的力量比我们自己拥有的还要多。

就像你把所有钱财都给了他人，他不还你钱，还以不还钱要挟，让你做这做那，你觉得只能被奴役，只能等着奴役你的人良心发现；就像你把所有的情感和精神寄托都给了他人，当他离你而去，你失去了所有的精神寄托，一边盼着浪子回头，一边还为他挑灯织毛衣。

你随时都可以放手走开，你的“无能为力”只是一个假象。

最后，我们是否一直都在自己的中心。

你把自己的一切力量都交给了他人，甘愿被外在力量控制，这只是外在的表现；在你的内心，你害怕匮乏，害怕脆弱，抗拒自己所面临的现实，你不在自己的中心。

每天都有这样的游戏在上演，那些扮演拯救者的人，也许还会贬低你的价值：“你就得靠我才能走出泥潭，你把一切都交给我，我就会帮助你。”

当你不在自己的中心，暂时的安全只是一种幻觉，真相是你被恐惧和匮乏所驱赶，给自己套上了新的枷锁。问题和痛苦会一直发生、一直循环，给你制造更大的匮乏和恐惧。如果没有觉察，你就会不断被自己制造的恐惧和匮乏驱赶，在无力中度过一生。

这时， 你不在你的中心，你处在一个无神的状态——“内在无神”。

那个外在的、吸引你去依附的、假的“神”会说：我是神奇的，你是不神奇的、没有价值的，你需要依赖我才能变好、变完整。然而，这个假的“神”没有爱。

一切没有爱的神奇，都是炫技而已，不是究竟之道。尽管一时会满足你的匮乏、贪婪，让你回避恐惧，但最终你仍会回到匮乏和恐惧之中。除非你回到你的中心，清晰地意识到，无论旅途上需要获得多少帮助，无论搭乘任何交通工具，抵达终点都还是要靠你自己。

你天然拥有本自具足的爱，你值得也能够爱你自己，在你的内在找到“神”——从内在找到的“神”，才是真的“神”。

今日练习

找一个无人打扰的时刻，让自己舒服地坐着，双手自然地放在双腿上。

闭上眼睛，做几个深呼吸，然后放松而自然地呼吸。

慢慢地，请放下对自己的一切控制，感受自己和自己平静地相处。

允许一切发生，然后放手。

感受自己，此刻，你是一个呼吸着的生命。

在一切发生面前，你只是一个观察者，看它们发生，然后放手。

回到此刻，回到这个呼吸着的你。

慢慢地，留意自己的呼吸。一呼一吸，自然地发生着。

一呼一吸，美好而纯粹。

对一切放手，就只是舒服地坐着，感受你的一呼一吸。

现在，想象一下，随着你的每一次呼气，你的身边开始散发出白色的光晕。

随着你的每一次呼气，白色的光晕透过你的身体发散到周围。

随着你的每一次呼气，白色的光晕越来越大，散发着神圣的光芒。

你被白色的、神圣的光充盈着，扩展着。

那光意味着更大的存在、更大的爱。

慢慢地，随着你的吸气，你开始记起自己的爱。

随着你的吸气，你记起你的爱。你的爱和神圣的爱同在。

感受自己，如爱的存在。感受自己，你是爱的存在。

你可以在心里对自己说：谢谢你，我以我最高的频率存在。

你也可以在心里与你自己说任何话，以你的爱，以你天然神圣的存在。

在这种感受中，待上一段时间。

当你觉得可以了的时候，做一个深深的呼吸，结束这个练习。

向你真正所是的力量臣服，是彻底转变的开始

你可以想要亲密，但你不能寄身于亲密；你可以追逐金钱，但你不能依附于金钱；你可以想要奇迹，但你不能指望奇迹，真正的奇迹就发生在你回到自己内心的时刻。

涨到肩膀的洪水

先讲个故事：

有个地方发生水灾，整个村子很快就陷入洪水之中，村民纷纷逃生。有一位虔诚的信徒爬到屋顶上，等待上天的拯救。

洪水逐渐漫过屋顶，有一只小船经过，划船的人说："赶紧上船走吧。"信徒说："不用，上天会救我的！"

小船只好离开了。

气温越来越低，不一会儿，洪水涨到了信徒的膝盖，这时有一艘汽艇赶来搭救还未逃生的人。信徒还是说：“不必啦，上天会救我的！”汽艇离开去救别人了。

洪水越涨越高，涨到了信徒的肩膀，这时有一架直升机飞来，垂下软梯要拉他上去。信徒仍旧不肯，他说：“别担心我，上天会救我的！”直升机也只好离开了。

最后，洪水完全淹没了信徒，他被淹死了。

信徒死后上了天堂，他见到了上天，他喊道：“平时我那么相信你，那么虔诚，我一心等你来搭救，你却见死不救！”

上天看着他说：“我记得你！你就是那个我派去了两条船和一架飞机都救不上来的人。”

故事讲完了。好多朋友看了这个故事，都说这个主人公可真傻。他的确是太教条了，可是这样的人少见吗？并不少见。

从小到大，我们常常被教育说要“听话”，补充一句是“让你听话是为你好”。听爸妈的话是好孩子，听老师的话是好学生，听领导的话是好员工。前几天有个朋友和我说：“领导不发话，我怎么知道怎么办？我未来的工作，一切都得等领导

来定。”还有一个朋友找到我，从小到大，她一直是老师和父母眼里的好学生，学习好、上名校、出国留学、进外企、成为一个外企的中国首代，一切都很顺利。后来这个外企公司突然不做了，发了一大笔钱给高管。她突然有了一大笔钱又有了时间，可她却开始陷入了深深的焦虑，长期失眠，几近抑郁。

她说："突然没人给我提要求了，从小到大，从没有过这样的时候，我完全不知道怎么办了。"然后她又说："我现在就盼着能有人向我提要求，有人管我。"

无论外在的表现如何，当我们失去内在力量时，外在的一切都塌陷了，甚至我们想到的解决方案也局限在重新找一个外在的力量，把自己的力量再交给他掌控。

生活、情感、家庭、命运，生活中我们很容易看到这样的剧本，把力量交给别人，把悲伤留给自己。我们期待一个救世主、一位英明的领导、一位霸道总裁的出现，一次神迹示现，一笔飞来横财。而这所有的期待中，唯独没有我们自己。

"老师，那……我自己改变了，就能遇到霸道总裁了吗？"

我只能说，那什么，小心，洪水已经涨到肩膀了。

等待"得救"的队伍

我们不自觉地把命运的掌控权交给他人，交给更大的系统；在自己遇到困难、茫然无措的时候，不自觉地寻找可以代替自己掌控自己命运的拯救者。

在这样的信念下，你会觉得被他人掌控是一件自然而然的事，甚至你自然倾向于寻找一个可以安心被他掌控的人，好像你所有的努力都是为了这个遇见。你遇见他，把力量交给他，你就得救了，从此过上了幸福的生活。

他可能是一个伴侣、一个老大、一个金主、一位领袖、一位上师或者任何一个你觉得可以拯救你的人。也许它是一个事件，比如你等待某个人浪子回头，你等待某些人良心发现。

当你处于“无力”的信念中，你会说，没办法，我必须被掌控，这是唯一的出路。我必须被我老板掌控，因为他发我工资；我必须被父母掌控，要不我就不是好孩子，我就没人爱；我必须被我老公或老婆掌控，要不然分手了我就完了。我能做的无非是等待，等待拯救我的王子出现，等待召唤我的领袖出现。

有一些朋友，喜欢关注各种“不公平”。比如，一个人取得成功，有些人会从他身上找到自我成长的启发；而另一些人则会关注，他得到了哪些机会，他父母有什么背景，他有哪些自己没有的外在条件。如果找不到，那他成功的背后一定有着“阴谋论”一般的未知外因，深着呢。

他们认为的“不公平”之处，是这个成功的人因为有了这些条件而“得救”，而自己之所以没有“得救”，是因为缺少外在条件。

总之，在许多人的信念中，依靠一个外在力量、外在条件，是没办法的选择，也不存在其他选择。

而当你置身事外，跳出这个限制性信念，你很容易发现选择还有很多很多。只不过有时候，人们因为逃避自己的责任而不愿面对其他选择，有时候的确因为自己内在的限制，看不到还有其他选择。

当我们选择把力量交给别人的同时，我们也在玩一个游戏，我们把提升自己生命质量的责任也交给了别人。比如交给父母——要不是他们，我现在不会这么胆怯；比如交给伴侣——要不是他，我现在过得得有多自在啊；比如交给过去——要不是当时那样，我现在早就财务自由了……总之，无论我们的生活多么不堪，都不是自己的责任。

跳过渴望“奇迹”的陷阱

当我们觉得自己什么都没有、什么也做不到的时候，自然就会向外去寻找和索取。这是很自然的。我们要觉察的是，我们是在寻找自己如何做到的方案，还是在索取可以依附的外来救助。前者在寻找打开自己本自具足的钥匙，后者在关闭内在本自具足的门。

这个考验，在我们掉入人生的谷底时，尤为显著。

如果去赌场，你会看到两种人：一种人乐呵呵地像在游乐场，输赢都是一种娱乐；另一种人眼睛发红、面色憔悴，似乎自己的命运都押在赌这一把里。

身陷谷底时，我们希望巧遇一次翻身的奇迹，希望有个神医替我们包治百病，希望菩萨渡我们到达彼岸，希望魔法棒一挥，我们就能从现实的谷底中逃离。

这个游戏在任何圈子里都能见到，从贸易到金融，从教育到投资，从医疗到身心灵。每个领域都有在背后打着手电的拯救者和期待一夜翻身的献祭者，每个领域都有用新概念包装的老游戏。

这样的场面在所谓灵性成长领域也很多见。这里有更多的新概念，也有更多亟待被拯救的朋友。我这么说并不意味着这是好的或坏的、对的或错的。这是平常红尘游戏中的一部分，与其他小我的自娱自乐没什么区别。既然是游戏，就开心地玩，只不过要了解在这样的灵性成长里觉醒还没发生，且与真正的灵性成长并没什么关系。

任何疗愈或灵性的技术，如果没有爱的频率，它很难帮助你提升自己的意识层级，而只会迎合你的匮乏、贪婪、分别和恐惧。比如，害怕不能扬升，害怕不能得救，逃避现实的焦虑困境，想通过彰显神迹抓取注意力，等等。

没有爱的工具不是高频的工具，除非被爱的意图所使用。但如果你处于匮乏、贪婪和恐惧时，这个工具只会让你螺旋式向下。每个人都可以带着好奇去尝试，但结果会因每个人的意图不同而不同。

爱是“看山只是山”

有一些靠显现奇迹招揽生意的人，如果他的技术在你那儿没起作用，他可能就会说因为你还“不够好”。如果你能识别出他在试图靠打压来拿走你的力量，那么你就能收回自己的力量。展示神奇的人如果没有活出他的爱，那么他只是在追求自我的独特性而已。真正的秘密是没有谁与谁是不相同的，没有谁和谁是“不够好”的。

当然，眼前的任何道路，无论是向前还是向后，都会促使你最终走上真正的修心之路，无论是在此生还是来世。

救世主存在吗？存在，就在我们内心的最深处。点石成金存在吗？存在，就在每个当下的呼吸中。魔法存在吗？存在，魔法就是我们最高频率的爱。

你可以想要亲密，但你不能寄身于亲密；你可以追逐金钱，但你不能依附于金钱；你可以想要奇迹，但你不能指望奇迹，真正的奇迹就发生在你回到自己内心的时刻。

在这一维度的时空和最高维度之间，存在着无数的中间层级，人们很容易迷失在这些中间层级中，所谓神与魔、天堂与地狱都是在描述中间的某些层级。而所谓最高维度，并不在别处，也不在未来。

当然，我这么说，也不排除我的小我在试图展示自我的独特性。所以你的一切体验会依你的意图和信念而展现出来。

修行终会走过“看山不是山”的阶段，而爱是“看山只是山”。

今日练习

静静地坐着，无论你坐在哪里，家里、办公室里或公交车上，都可以。

关注自己的呼吸，慢慢地闭上眼睛。

慢慢地让自己的心灵之眼离开你的身体向上升起，从上到下俯视着自己，俯视着这个正坐在家里、办公室里或是公交车上的你。

试着从高处看着你的生活、你的选择、你的困境、你的痛苦。

感受一下，你是不是有一些新的觉察。

你也可以从这个视角拥抱自己的痛苦，用呼吸与痛苦相处。

你也可以从这个视角望向四周、宇宙，你拥有无限。

感受一下，你是不是有一些新的觉察。

当你觉得可以了的时候，慢慢地让自己的心灵之眼回到你的身体。

深深地呼吸，让自己在这种感受中待一会儿。

当你觉得可以了的时候，结束这个练习。

你如何看待死亡，意味着你如何看待生活

我们越是对抗死亡，就会越焦虑、越痛苦、压力越大。死亡随时可能发生，我们也随时会进入害怕死亡的阴影，或者说，我们随时都在死亡的阴影下行事。

那些真正重要的东西

2019年11月，美国威斯康星州87岁的老人诺伯特·斯赫姆，在生命的最后时刻，他的愿望是和他的亲人一起喝着啤酒，快乐地聊聊往事。就这样，他度过了最后的几个小时。老人去世，他孙子亚当在社交软件上写道："我祖父今天过世了。昨天晚上他唯一想做的就是和我们几个一起喝啤酒。"

在 Twitter 上，他的这张照片动态有4000多条评论、3万条转发和31.7万个收藏。无数网友留言表示，他们从照片中

获得了安慰。亚当表示，这样的话题有着苦涩的背景，他刚开始不想在社交媒体上发布，但最后还是决定发布这张照片，因为那是一个美好的时刻。

死亡是每个人都要面对的现实，如何看待死亡是生命留给我们的作业。因为我们如何看待死亡，就意味着我们如何看待生活。

乔布斯曾说："几乎所有东西，外界期望也好，一切荣耀、一切对于失去和失败的恐惧也好，当面对死亡时，都将变为无形，只有那些称得上真正重要的东西才会留下来。避免被患得患失的心态所困，最好的办法便是常常提醒自己无非为死而生。我们没有理由不遵从我们的内心意愿而生活。"

我们可以从他看待死亡、看待生命的方式中，理解他为什么以他的方式去工作和生活。

永逝或重生

在墨西哥，每年的 1 月 2 日是著名的亡灵节，好多朋友是从电影《寻梦环游记》中了解到这个节日的。

在很多民族的风俗中，悼念逝去家人的基调是哀伤的、沉痛的，但在墨西哥，人们载歌载舞，张灯结彩，温暖祝福，他们不断欢笑庆祝，甚至还不忘搞搞怪。他们觉得逝去并不意味着永别，死亡是生命以另一种形式延续，与其哀悼死亡，不如庆祝生命。重生的日子是欢乐的，是一次庆典。

在印度，也有一些地方举办死亡庆典，人们一路唱着歌、跳着舞来到河边的火葬场，然后看着熊熊烈火升起，继续唱歌跳舞，一边欢庆，一边看着逝者化为灰烬。我曾不止一次看过他们的仪式，怀着巨大的崇敬之情。他们并不是没心没肺，只不过在他们看来，死亡不仅不是终点，更是一种生命形式的“进化”。

庄子的妻子去世了，庄子不但不伤心，反而蹲坐鼓盆而歌，场面好不快活。他的朋友惠子看了愤愤不平，说你也忒过分了，怎么能这样？庄子回答说，我也伤感，但我知道，生死犹如四季运行一般，都只是必然经历的自然阶段而已。人死后，安然歇息于天地宇宙，我要是嗷嗷然随而哭之，才是不懂生死的道理。

人们都经历过对死亡的恐惧和抗拒，但很少有人真正了解死亡，死亡是那么神秘。

正因为死亡的存在，才让生命变得更有意义，甚至说更有趣。我们无数次地问，我们为何而生，又如何度过这一生。

时间性的压力游戏

比如，你走进一个满目珍馐美味的自助餐厅，这里的规则是你只有半小时的用餐时间。而离开餐厅之后的下顿饭，就不知道什么时候，也不知道在哪儿了。你面对各种诱人的食物，你会如何选择？

比如，一个孩子来到一个大型游乐场，这里有好多好玩的项目，三天也玩不过来，但现在他只有三个小时的游戏时间，而他觉得出了这个游乐场就再没有这些好玩的游戏了。这个孩子会选择怎么玩？

从某个角度看，时间的限定也增加了游戏的趣味。

死亡的存在，让我们得以用生命的形式表达“我们是谁”，我们的恐惧是什么，我们的爱又是什么。

我们的内在深处往往埋藏着一个信念，即死亡意味着“消失”、意味着被这个时空“遗弃”。那么我们必然会怀揣巨大的恐惧和焦虑。我们会在生命的过程中拼命去寻找完整感，以避免我们感到的分裂和心碎，避免失去自我。

历史上的帝王权贵乐于修建巨大陵墓，很多普通人活着的时候也试图为死后留下些什么，以证明自己来过，想让人们记住他，通常这都源于人们对自我在这时空中的消失感到恐惧。死亡是一种巨大的压力，让我们不自觉地想向世界证明我们的存在，我们得在分别之前，把所有觉得重要的事儿办完。

我们越是对抗死亡，就会越焦虑、越痛苦、压力越大。死亡随时可能发生，我们也随时会进入害怕死亡的阴影，或者说，我们随时都在死亡的阴影下行事。

从头脑的主宰到心灵的觉知

对于一个游戏或者一段旅程来说，你为什么会带着庆祝胜利般的满足与喜悦与这一段旅程告别？通常是因为在这段旅程中，你觉得你充实而圆满地完成了自己的任务，可以愉快地去往下一段了。这时，死亡就像你蹚过一条河，你实现了你通过生命要实现的意图，来到一个更开阔的地方。

但是，当你觉得在这段旅程里你没完成任务时，你就会对死亡感到恐惧。这时你由头脑主宰，头脑会把“存在”仅仅等同于此生的身体。

而当你穿越了在你这一段生命要经历的课题时，你自然就会带着一个更宽广的觉知：你不仅仅是你这一生所见，你不仅仅是你拥有的物质和时间，你不仅仅是你这几十年所有的成就和遗产，你比时间更长，比身体更大，你只是想在这一生达成一些经历，让你体验和领悟你真正是谁。带着这样的觉知，你会清楚死亡并不是终点，从而自然会有一个对生命认识的超越。这时，你由心灵主宰。

在被头脑主宰时，我们很难通过逻辑分析来理解这个问题。头脑以及小我是这三维时空的产物，所以用这些工具很难“想”明白这些问题。小我带着对“自己是否存在”的恐惧，而心灵则具有超越三维时空的频率。

当你对死亡感到恐惧时，可以试着觉察一下，这个恐惧来自哪里？ 恐惧大多都是来自头脑，比如担心自己被忘记、遗憾自己看不到这世界或亲人的未来，比如对于分离和未知的恐惧；这些都源于头脑基于局限性认识的想象。

我们一步一步地剥离局限性认识，才能接近和深入我们的心灵。在这个过程中我们形成了新的领悟，这些领悟帮助我们识别和超越恐惧，带着更大的觉知向前走，并在更高的层面获得更多觉察。而在生活中体现出来的，则是我们越发沉浸于对生活、对当下的热爱，展现随时随地的喜悦和爱。

这个领悟，也许就是你的“任务”之一。

诞生与死亡都是爱在循环

如果我们将死亡看作生命的一部分，看作生命以某种方式的延续，甚至“进阶”，我们就会充满感恩和祝福。

就像出生。出生是生命的一部分，而谁知道我们出生之前是不是知道我们来到这个世界会发生什么呢？但无论我们知道还是不知道，我们此刻都会对新的诞生充满感恩和祝福。

死亡无非是下一个阶段的诞生。诞生与死亡都是爱在循环。

如果生命是美的、充满勇气的——每一个诞生就是美的、充满勇气的，那么死亡也是美的、充满勇气的；如果生命是充满爱的——每一个诞生就是充满爱的，那么死亡也是充满爱的。

就像我们离开暂时居住的学生宿舍，我们毕业了，我们来个毕业派对吧。我们离开暂时居住的这个身体和星球，踏上一个更加宽广未知的维度。

生命的质量取决于爱的质量，未来如何也取决于爱的选择。我们温暖道别，相互祝福，为未来、为未知举杯庆祝。

今日练习

静坐，在椅子上或者垫子上都可以。

闭上眼睛，做三个深深的呼吸，感觉自己的身体和精神，都随着呼吸慢慢地沉稳了下来。

慢慢地，让自己沉淀在平静中。

自然地呼吸，平静地呼吸。

安住在自己的平静和放松中。

当安住在自己的平静中，你可以试着想象，你就是一支笛子。每一次呼吸，你都在吹奏着生命的乐章。

体会此刻你是如何吹奏着你生命的乐章。这一生，你要如何吹奏你生命的乐章呢？

静静地体会。

一分钟后，你可以睁开眼睛，自然地呼吸，用心呼吸，继续体会生命的乐章如何在你身上流淌。

当你觉得可以了的时候，结束这个练习。

人要怎样才能消除或转化对死亡的恐惧呢？

在生命的历程中，你将有可能不以外在关系为坐标，来深刻感受到自己“真正是谁”。我觉得，体悟到这个你“真正是谁”，即为人生的重要意义。经由此，你也了悟了生死。

我们为什么害怕死亡？

每个人都经历过对死亡的恐惧，它藏在我们的噩梦里，藏在我们的焦虑中，也藏在我们的动机、决定和行为里。怎样才能消除对死亡的恐惧呢？我们可以先看看为什么会对死亡产生恐惧，这个恐惧感通常来自三个方面：

第一，我们害怕失去控制。

很多人觉得，生是偶然的，死是必然的。在我们有意识的时候，在我们的头脑“知道”了什么的时候，我们就已经出“生”了，好像也没人和我们商量过。“生”是一个已经发生的现实，更重要的是，是一个被我们接受了的已发生的现实。

“生”的状态是我们确知的、习惯的，多多少少可以预测、可以掌控的。我们都喜欢做可以掌控的事情，即使是去冒个险，心里也会有几分的把握，至少是对“享受冒险”这个事有几分把握。

但死亡对我们来说，却是一点把握都没有。与被我们接受了的“生”相比，“死”让我们难以接受。

我们只知道死亡是一个未来不可避免的、一定会发生的事实。就像奥古斯丁说：“一切都是不确定的，只有死是确定的。”然而，没人确知死亡之后会发生什么——即使有人经历过，你也无法验证、无法复现。你就那么一次尝试验证的机会，可不能轻易尝试。

人总是会对完全未知的东西产生恐惧。我们的头脑最怕失控。而死亡对我们来说，正是几乎完全未知的。

我们的头脑或者说我们的逻辑、分析和判断，是我们的保护伞，是应对未知恐惧的工具。而对于死亡，我们没有任何可以分析的经验，我们自然会感到慌恐。

第二，我们害怕分离和失去。

我们害怕分离，我们害怕与“具备人格意识的人类”分离。假设这世上没有其他人类了，只有你一个幸存者，即使环境熟悉，你也会感到深深的恐惧，更何况死亡——连你都没有了。

我们害怕失去曾经拥有过的一切，我们害怕失去所有的关系，失去亲人、朋友。而这些与人、事、物的关系，通常是我们在人生中确立“我们是谁”的坐标。没了这些坐标，我们就好像失去了我们自己。

我们怕失去我们自己，我们怕自我不再“存在”，我们怕没有人记得我们了，我们怕再在也不能证明自己的存在。

第三，我们害怕此生的使命和意义来不及完成。

有人说，人类和其他动物的区别在于，人类是一个追求意义的物种。而对于生命意义的追寻，是文明不断发展和进化的潜在线索。每个人无论有什么不同的答案，都隐隐思考过这个问题。那么，如果你感到此生没有完成你的使命，没有活出你的意义，你就会对自己抱憾离开而感到恐惧。

也有人说，人生本无意义，因为所谓成就、目标、进步这些传统的意义与价值，实现了也会感到不过是一场虚无。

我们并没有看到自己真正的动力，反而迷失在外在的目标中。在这里，意义并不指外在的目标或使命，外在目标并非真正的人生意义。

你享受当下的存在，才是真正的意义。但我们又有多少时间享受了当下的存在呢？有多少时间我们全身心活在这每分每秒中呢？或许想到这些，我们又有些惶恐——悔恨过去没有珍惜，担心将来无法做到。于是，我们再一次离开了当下这一刻。

也有很多时候，我们思考得没那么形而上，我们想的是有些责任还没尽到，有些爱还没表达，有些福还没享……总之，我们隐隐担心，有一些我们来此一生要完成的，还没有完成。

无论是上述的哪一种害怕，都基于一点：时间是有限的。

所有对死亡的恐惧都来自时间有限的信念，所有对死亡的恐惧都是头脑对时间限制的恐惧。

怎样转化对死亡的恐惧?

看了这些害怕死亡的原因，可能我们会觉得转化对死亡的恐惧不是一件容易的事儿。我们可以试着探索一下，对于上述的三种原因，可能每个人都有自己的化解途径。

在内在成长的角度上，人们如果可以在生命历程里做到以下几点，就可以一定程度上穿越对死亡的恐惧。

首先，在非逻辑性的问题上，信任内心而非依靠逻辑。这意味着我们先要穿越抵达内心的干扰，打开自己被头脑的恐惧和抗拒封闭的心，当我们真正听到内心的声音和指引时，相信它，不要用头脑去分析和评判它。

心灵的能量远远超越头脑的力量，用头脑去评价心灵，相当于把火箭绑在三轮车上推着走，自己限制了自己的能量。

靠“想”都想不明白的问题，靠“想”更是想不出解决方法。试着完全交托那些我们头脑无法掌控的事情，相信一切自有安排。这种交托并不是消极的、无奈的，也不是迷信，而是一种带着信任和智慧的积极态度。对于这一点，越是知识丰富、逻辑经验强大的人往往越难做到。

这时，我们使用逻辑而不依赖逻辑，倾听直觉和感受而不盲目迷信，安住于自己的中心而不局限于自我的边界；我认为这是一种真正的独立思考。

盲从和迷信往往来自对匮乏的恐惧、对控制的贪婪，但真正的独立思考建立在爱之上，建立在内在的安定和平静中。我们处理头脑的信息，整合外界的信息，但不依赖头脑，也不依赖外在的力量。

其次，体验内在觉知的扩展，可以获得超越限制边界的新的经验。当你打开了感受、信任你的直觉力，当你真正安静下来，你可以分辨出哪些是头脑的思绪，哪些是内心真正的声音，你可以遵从内心的指引，逐渐感受到内心爱的源头。而爱同时是一种超越边界的觉知。

我们一般会相信自己的经验，但经验也带来了限制，限制让我们感到束缚和痛苦。打破限制，就需要我们体验一些新的经验和感受。很多人在冥想中可以进入忘记身体存在、超越时空的意识状态。我们可以感受到自己的存在并不只是物理时空上的存在，也并不一定依存于时空关系中的相对定位。

在生命的历程中，你将有可能不以外在关系为坐标，来深刻感受到自己“真正是谁”。我觉得，体悟到这个你“真正是谁”，即为人生的重要意义。经由此，你也了悟了生死。

最后，重新认识时间。

我们可以看到，所有对死亡的恐惧，都来自 “时间是有限的”这个信念。害怕死亡是头脑对时间限制的恐惧。

在我们所在的三维时空里，时间是一个常量，于是我们的生命就有了起点和终点。但一旦超出了我们所在的时空，时间就是一个变量，或者你可以认为没有时间这回事儿。这用我们的头脑或许难以理解，但自相对论诞生以来，物理学家们也已开始了这方面的研究和探索。

重要的是，你是否“是”一个依赖于时间的存在呢？你是否会信任和寻找一些“永恒”的东西呢？

如果我们认为，我们就是这个三维时空的一个存在，那么自然就会对“存在”感到恐惧，因为这个“存在”是基于时间和空间的。也就是说，你依附于时间和空间而感知生存。

你会认为，如果你死了，对于你来讲，时间也不存在，空间也不存在了。你会认为，你拥有时间，才会拥有可能性，如果你无法拥有时间，你就没有了可能性。这一切都是从时间和空间是不变的常量出发的。

一旦你的意识可以跳出这个时空维度，你会看到这个时空维度只是更高维度的一个投影，你就不会限制在这个维度中。就像地面上的一棵大树的影子，当太阳的角度变化时，这个影子就有了“出生”和“死亡”，光在移动，影子就在变化，但影子没有了，并不意味着大树没有了，也不意味着太阳没有了。

太阳并不依附于影子而存在，真正的你也并不依附于时间而存在。

永恒是让我们驻扎在当下的爱中

当我们逐步了解了更多关于超越时空的信息，逐步体验到更多没有时空边界的觉知时，我们将扎根于一种永恒之中。

生和死是属于相对性时空里的相对性概念。“死”是相对“生”的存在，就像“好”是相对于“坏”的存在。永恒并不来自外界比你更大、更先进的存在，“更”依然是一种相对性概念，永恒就在你的心灵之中，在你存在于爱的每一个当下。

永恒并非永远的时间，而是没有时间。看到这个时空表象的无常，信任内在的永恒。只有当我们了解并体验到这些时，才能真正转化对死亡的恐惧。

有些人用大无畏的精神，勇敢地面对死亡；也有些人厌倦了自己的无价值感，为了结束痛苦，选择死亡；还有些人迷恋长生不老。无论如何，这些人仍然处于对死亡的抗拒或对“生”的逃避，尽管有着不同寻常的勇气和追求，但都不是出于智慧。

生生死死，死死生生，就像一环套一环的梦。同样是看淡生死或经历生死，有些人仍在梦中，而有些人则从梦中觉醒。每个人都走在各自觉醒的路上，对于不同的人、不同的阶段，每一个经历和思考都会带来不同的认识和了悟。这些细微的感受，往往是个人化的、非逻辑性的、不可论证的，也并非语言的层面所能完整表达的。也许这正是思索生死、体验人生这个过程中有意思的地方吧。

永恒是让我们扎根在当下的爱中。

今日练习

找一个安静的地方，舒服地坐着。

做几个深呼吸，闭上眼睛。

回想一下你儿时那些对于未知的恐惧。

想象你的面前有一扇门，而你害怕打开这扇门。

现在，调整你的呼吸，专注于你的呼吸，把你的注意力集中在呼吸上。

让自己充分地放松下来。

你头脑中的思绪渐渐地飘散，你安住在此刻内心的宁静与爱之中。

现在，试着用你的心凝视那扇门。

慢慢地，用你的心去凝视，去感知。

你似乎觉得，门的那一边渐渐地透出光来。

用你的心去感知。

门似乎开了一条缝，光从门缝中透了进来。

无论你是否决定现在打开这扇门，你都知道门的那一边有无限闪闪发光的可能。

静静地坐一会儿，让自己充分沉浸在这种感受中。

当你觉得可以了的时候，结束这个练习。

致谢

感谢那些启迪我的灵感、讯息，让我在短时间内完成了本书大部分内容的创作。感谢“心探索”团队的曹青双老师和陆冬银老师，对这些内容进行初步审校。感谢漓江出版社符红霞老师和杨静老师的策划、编辑工作，让这本书得以出版，与你相见。

感谢我的太太钱素兰，感谢她笃定的信任、行动与实践，感谢她每一个化解冰雪的笑颜。感谢我的父母和孩子们在生命的各个阶段为我带来成长和滋养。感谢孟想老师以及我们一同创立的“心探索”，让我确定自己的道路；感谢这条探索之路。感谢以各种方式支持过我的每一位朋友。没有任何一片雪花会落在错的地方，所有的爱必有回响。

书中的冥想练习结合了我自己的专业经验和我自己尝试过的各种练习，并非全部由我原创，有很多我已记不得出处来源。无论如何，我向所有的前行者和分享者致敬，感谢他们贡献的智慧和工具，感谢每一位老师、伙伴和内在探险家，赞叹每个勇敢而有趣的灵魂。

也感谢此刻的你，愿你享受探索意识与生命的旅程。